数据科学与大数据技术专业系列规划教材

Data Analysis with Spark SQL

Spark SQL
入门与数据分析实践

杨虹 谢显中 周前能 张安文 / 编著

人民邮电出版社
北京

图书在版编目（CIP）数据

Spark SQL入门与数据分析实践 / 杨虹等编著. --北京：人民邮电出版社，2021.9
数据科学与大数据技术专业系列规划教材
ISBN 978-7-115-55324-9

Ⅰ. ①S… Ⅱ. ①杨… Ⅲ. ①数据处理软件—高等学校—教材 Ⅳ. ①TP274

中国版本图书馆CIP数据核字(2020)第224695号

内 容 提 要

Spark SQL是Spark用于处理结构化数据的一个模块。本书将由浅入深地讲解Spark SQL的基础知识、安装部署、编程基础、编程进阶、函数、性能调优技巧以及编程实践等知识。通过本书的学习，读者能够掌握Spark SQL核心技术。

本书可作为高等学校大数据、计算机、统计相关专业大数据进阶课程的教材，也可供相关技术人员学习参考。

◆ 编　著　杨　虹　谢显中　周前能　张安文
　　责任编辑　刘　博
　　责任印制　王　郁　马振武

◆ 人民邮电出版社出版发行　北京市丰台区成寿寺路11号
邮编　100164　电子邮件　315@ptpress.com.cn
网址　https://www.ptpress.com.cn
三河市君旺印务有限公司印刷

◆ 开本：787×1092　1/16
印张：11.5　　　　　　　　　　　2021年9月第1版
字数：278千字　　　　　　　　　2021年9月河北第1次印刷

定价：49.80元

读者服务热线：(010)81055256　印装质量热线：(010)81055316
反盗版热线：(010)81055315
广告经营许可证：京东市监广登字20170147号

前言

随着大数据技术的发展以及各行业对数据分析工具的迫切需要，大规模并行数据分析变得越来越流行，于是 Spark SQL 应运而生，并且迅速地占据了技术市场的主流地位。Spark SQL 是 Spark 为结构化数据处理引入的一个编程模块，它提供了一个称为 DataFrame 的编程抽象，并且可以充当分布式 SQL 查询引擎。

作为 Spark 技术的核心模块之一，Spark SQL 具有以下几个优点。第一，集成。Spark SQL 无缝地将 SQL 查询与 Spark 程序混合。Spark SQL 允许用户将结构化数据作为 Spark 中的分布式数据集（RDD）进行查询，在 Python、Scala 和 Java 中集成了 API。这种紧密的集成使得 Spark SQL 可以轻松地运行 SQL 查询以及复杂的分析算法。第二，统一数据访问。Spark SQL 可以加载和查询来自各种来源的数据。Schema-RDDs 提供了一个有效处理结构化数据的单一接口，包括 Apache Hive 表和 JSON 文件。第三，标准连接。Spark SQL 可以通过 JDBC 或 ODBC 连接。Spark SQL 包括具有行业标准 JDBC 和 ODBC 连接的服务器模式。第四，可扩展性。对于交互式查询和长查询，Spark 使用相同的引擎。Spark SQL 利用 RDD 模型来支持查询容错，使其能够扩展到大型作业，而不用担心为历史数据使用不同的引擎。

本书主要介绍 Spark SQL，使读者能够轻松入门并掌握 Spark SQL。读者能从本书中学到如何利用 Spark SQL 技术进行数据分析，以及 Spark SQL 数据分析的原理以及相关的分布式技术逻辑。最后，本书会带读者学习一些 Spark SQL 数据分析的编程实例，以此来加深读者对 Spark SQL 的理解和认识。我们希望本书能够使读者深入了解 Spark SQL，并且在应用场景中可以运用自如。

本书具有 5 个鲜明的特点：第一，本书以源码分析为基础，从理论阐述到代码实践，内容由浅入深、由深到广，使初学者可以快速入门；第二，本书用大量的图来展示原理，并配以详细的介绍与讲解，加速读者对内容的掌握；第三，本书列举了大量的实例，以便于读者对源码能有更好的理解，使读者学习之后，能有所收获，并在工作中进行实践；第四，本书在文中安排了很多"提示"小板块，使读者可以在学习过程中更轻松地理解相关知识点及概念，更快地掌握个别技术的应用技巧；第五，本书在每一章最后都对本章的内容做了简要的总结，并布置了一些针对本章内容的习题（除第 8 章），读者通过对习题的练习可以巩固本章所学知识。

由于作者本人知识水平有限，书中难免有所纰漏，真诚希望大家提出宝贵意见。

作者

2021 年 3 月

目录

第 1 章 Spark SQL 基础知识 ················· 1
- 1.1 Spark SQL 背景 ···················· 1
- 1.2 Spark SQL 简介 ···················· 1
  - 1.2.1 Spark SQL 的特点 ············ 2
  - 1.2.2 Spark SQL 的用途 ············ 2
  - 1.2.3 Spark SQL 的使用场景 ········ 2
- 1.3 为什么要学习 Spark SQL ············ 3
- 1.4 Spark SQL 的原理 ·················· 3
  - 1.4.1 传统 SQL 的运行原理 ········· 3
  - 1.4.2 Spark SQL 的运行原理 ········ 4
  - 1.4.3 Spark SQL 的开发步骤 ········ 6
- 1.5 Spark SQL 的运行模式 ·············· 7
  - 1.5.1 Local 模式 ··················· 7
  - 1.5.2 Standalone 模式 ·············· 7
  - 1.5.3 OnYarn 模式 ················· 8
- 小结 ······································ 11
- 习题 ······································ 11

第 2 章 Spark SQL 安装部署 ················ 12
- 2.1 运行环境说明 ······················ 12
  - 2.1.1 操作系统说明 ················ 12
  - 2.1.2 Java 版本说明 ················ 12
  - 2.1.3 Scala 版本说明 ··············· 12
  - 2.1.4 操作系统客户端工具说明 ······ 13
- 2.2 运行环境准备 ······················ 13
  - 2.2.1 依赖下载 ···················· 13
  - 2.2.2 安装 Java ···················· 14
  - 2.2.3 安装 Scala ··················· 14
- 2.3 部署 Spark SQL ···················· 15
  - 2.3.1 下载安装包 ·················· 15
  - 2.3.2 单机部署 ···················· 15
  - 2.3.3 集群部署 ···················· 16
  - 2.3.4 运行环境参数 ················ 21
- 小结 ······································ 23
- 习题 ······································ 23

第 3 章 第一个 Spark SQL 应用程序 ··· 24
- 3.1 搭建开发环境 ······················ 24
  - 3.1.1 下载开发工具 ················ 24
  - 3.1.2 安装 IDEA ··················· 25
- 3.2 编写 Spark SQL 应用程序 ·········· 26
  - 3.2.1 Spark SQL 应用程序的编写
    步骤 ·························· 27
  - 3.2.2 编写第一个 Spark SQL 应用
    程序 ·························· 27
  - 3.2.3 运行第一个 Spark SQL 应用
    程序 ·························· 38
- 小结 ······································ 44
- 习题 ······································ 44

第 4 章 Spark SQL 编程基础 ··············· 45
- 4.1 RDD 概述 ·························· 45
  - 4.1.1 RDD 的优缺点 ··············· 45
  - 4.1.2 RDD 模型介绍 ··············· 46
- 4.2 深入剖析 RDD ····················· 47

4.2.1 Spark 相关专业术语定义……47	5.4.4 DataSet 操作……121
4.2.2 Spark Application 的构成……55	5.4.5 DataSet 持久化……122
4.2.3 Spark 运行的基本流程……55	5.5 数据抽象的共性与区别……122
4.2.4 Spark 运行架构的特点……56	5.5.1 3 种数据抽象的共性……123
4.2.5 Spark 核心原理……58	5.5.2 3 种数据抽象的区别……123
4.3 创建 RDD……62	5.6 数据抽象的相互转换……123
4.4 RDD 操作……65	5.6.1 将 RDD 转换为 DataFrame……124
4.4.1 RDD 转换操作……65	5.6.2 将 DataFrame 转换为 DataSet……124
4.4.2 RDD 控制操作……72	5.6.3 将 DataSet 转换为 DataFrame……124
4.4.3 RDD 行动操作……73	小结……125
4.5 RDD 持久化……76	习题……125
4.5.1 持久化优势……77	
4.5.2 持久化策略……77	第 6 章 Spark SQL 函数……126
4.6 RDD 容错机制……78	6.1 用户定义函数……126
4.6.1 lineage 机制……78	6.1.1 注册 UDF……126
4.6.2 checkpoint 机制……79	6.1.2 使用 UDF……126
小结……81	6.1.3 UDF 实例……127
习题……81	6.2 用户定义聚合函数……128
	6.2.1 注册 UDAF……129
第 5 章 Spark SQL 编程进阶……82	6.2.2 使用 UDAF……129
5.1 概述……82	6.2.3 UDAF 实例……129
5.2 SparkSession……82	6.3 常用内置函数……131
5.2.1 SparkSession 介绍……82	小结……131
5.2.2 创建 SparkSession……82	习题……131
5.2.3 SparkSession 参数设置……85	
5.2.4 SparkSession 元信息读取……85	第 7 章 Spark SQL 性能调优……133
5.3 DataFrame……85	7.1 概述……133
5.3.1 深入理解 DataFrame……86	7.1.1 木桶原理……133
5.3.2 DataFrame 的优缺点……86	7.1.2 阿姆达尔定律……134
5.3.3 DataFrame 的演变过程……87	7.2 并行度调优……134
5.3.4 DataFrame 的使用形式……89	7.2.1 什么是并行度……134
5.3.5 创建 DataFrame……89	7.2.2 为什么需要对并行度进行调优……134
5.3.6 DataFrame 操作……102	7.2.3 如何合理设置并行度……135
5.3.7 DataFrame 持久化……114	7.3 内存调优……135
5.3.8 DataFrame 实例……117	7.3.1 为什么需要对内存进行调优……136
5.4 DataSet……120	7.3.2 如何充分使用内存……136
5.4.1 深入理解 DataSet……120	
5.4.2 DataSet 的优点……120	
5.4.3 创建 DataSet……121	

7.4 磁盘 I/O 调优 ················ 137
  7.4.1 为什么需要对磁盘 I/O 进行调优 ··············· 137
  7.4.2 如何充分使用磁盘 I/O ······ 138
7.5 网络 I/O 调优 ················ 139
  7.5.1 为什么需要对网络 I/O 进行调优 ··············· 139
  7.5.2 如何充分使用网络 I/O ······ 139
小结 ································ 140
习题 ································ 140

第 8 章 Spark SQL 编程实践 ······ 141
8.1 Spark SQL 实践一——学生考试信息分析 ······················ 141
8.2 Spark SQL 实践二——生鲜电商交易数据分析 ···················· 142
8.3 Spark SQL 实践三——四川省新生婴儿信息分析 ·············· 144

小结 ································ 152

附录 ································ 153
附录 1 常用内置函数 ············· 153
  附录 1.1 常用聚合函数 ······ 153
  附录 1.2 常用排序函数 ······ 156
  附录 1.3 常用字符串函数 ···· 157
  附录 1.4 常用时间函数 ······ 162
  附录 1.5 常用数学函数 ······ 167
  附录 1.6 常用集合函数 ······ 170
  附录 1.7 其他常用函数 ······ 172
附录 2 常用高阶函数 ············· 173
  附录 2.1 transform 函数 ····· 173
  附录 2.2 aggregate 函数 ······ 174
  附录 2.3 filter 函数 ············ 174
  附录 2.4 exists 函数 ··········· 175
  附录 2.5 zip_with 函数 ······· 175
附录 3 术语解释 ··················· 175

第 1 章　Spark SQL 基础知识

> 学习目标

（1）了解 Spark SQL 的背景。
（2）了解 Spark SQL 的原理。
（3）了解 Spark SQL 的运行模式。

1.1　Spark SQL 背景

在 2011 年之前，Hive 是 SQL on Hadoop 领域的唯一选择。那时的 Hive 虽然实现了通过 SQL 语句处理 Hadoop 上的数据，但计算时仍然采用 MapReduce 框架。由于 MapReduce 框架本身性能不好，因此 Hive 的性能也不好，为此 Spark 团队在 2011 年启动了新的 SQL on Hadoop 项目——Shark。此时的 Shark 是基于 Hive 改造和优化而来的，所以对 Hive 的依赖较强。经过两三年的不断发展，Shark 逐步成熟，其数据处理性能大大超越了基于 MapReduce 框架的 Hive。然而，Shark 对 Hive 的依赖阻碍了它的进一步发展，因此，2014 年 7 月，Databricks 宣布终止对 Shark 的开发，并重新开发了一套基于 Spark 框架的组件——Spark SQL。

1.2　Spark SQL 简介

Spark SQL 是 Spark 用来处理结构化数据的一个模块。用户可以在 Spark 应用程序中直接使用 SQL 语句对数据进行操作。SQL 语句通过 Spark SQL 模块解析为弹性分布式数据集（Resilient Distributed Dataset，RDD）算子，并最终交给 Spark 底层（Spark Core）执行，如图 1-1 所示。

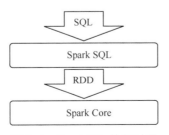

图 1-1　Spark SQL 执行过程

Spark 的核心模块包括 Spark SQL、Spark Streaming、Spark MLlib、Spark GraphX，本书仅介绍 Spark 的结构化处理模块 Spark SQL。

1.2.1 Spark SQL 的特点

Spark SQL 的特点主要包括以下几点。

1．易集成

Spark SQL 与 Spark 程序的无缝集成使 Spark SQL 可使用 SQL 或 DataFrame API 在 Spark 应用程序中处理结构化数据，且 Spark SQL 支持 Java、Scala、Python、R 等语言。

2．统一的数据访问

Spark SQL 提供了一种访问各种数据源的通用方法，数据源包括 Hive、Avro、Parquet、Orc、JSON、JDBC 等。因此，Spark SQL 可以使用相同的方法连接到这些数据源，甚至可以跨源关联数据。

3．兼容 Hive

Spark SQL 可以在现有的 Hive 上运行 SQL 或 HiveQL 进行查询，并且 Spark SQL 支持 HiveQL 语法，从而可以访问现有的 Hive。

4．标准的数据连接

Spark SQL 可以通过行业标准的 JDBC 和 ODBC 连接数据源。

1.2.2 Spark SQL 的用途

Spark SQL 有诸多用途，主要体现在以下几方面。
（1）根据基本的 SQL 语句进行数据查询。
（2）根据 HiveQL 语句进行数据查询。
（3）从已经存在的 Hive 中读取数据。
（4）从已经存在的 HBase 中读取数据。
（5）从已经存在的 HDFS 中读取数据。
（6）通过 JDBC 从关系数据库中读取数据。
（7）从已经存在的 File 中读取数据。

1.2.3 Spark SQL 的使用场景

Spark SQL 适用于以下场景。
（1）需要处理结构化数据的场景。
（2）需要查询各种数据源的场景，如 Parquet、JSON、关系数据库、文本文件、RDD、Hive 等数据源。
（3）需要兼容 SQL99、HiveQL 的场景。

（4）对数据处理的实时性要求不高的场景，如对原始数据进行分析整理、建立主题库等。

（5）处理 PB 级的大容量数据的场景。

Spark SQL 不适用于实时、交互式数据查询的场景。

1.3 为什么要学习 Spark SQL

学习 Spark SQL 的主要原因有以下几点。

（1）不用再去编写复杂的 MapReduce 程序，且 Spark SQL 的执行效率非常高。

（2）Spark SQL 容易整合，且具备统一的数据访问格式。

（3）Spark SQL 兼容 Hive。

（4）Spark SQL 能够通过标准的 JDBC 连接关系数据库。

1.4 Spark SQL 的原理

接下来将对 Spark SQL 的运行原理进行讲解，让读者对 Spark SQL 的运行原理有更深刻的认识。

1.4.1 传统 SQL 的运行原理

传统 SQL 语句一般由 select、from 数据源以及 where 限制条件组成，对应的这 3 部分在 SQL 语句中有专门的名称，如图 1-2 所示。

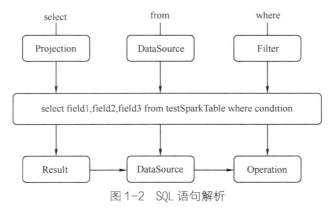

图 1-2　SQL 语句解析

例如，图 1-2 中的 SQL 语句在进行逻辑解析时会划分为 3 个模块，分别是投影（Projection）、数据源（DataSource）及过滤（Filter）模块。

 SQL 语句没有专门考虑聚合、排序等操作。

下面分别对这 3 个模块进行解释。

1．投影

投影表示将数据源中的字段做映射或操作形成新的字段及值。

2．数据源

数据源表示数据的来源，在 SQL 中通常为某张表或某个子查询的结果。

3．过滤

数据源中的数据可以通过各种过滤条件进行筛选。

对于上述 3 个模块，当 SQL 语句生成执行部分时，它们又称为结果集（Result）、数据源（DataSource）和操作（Operation）模块。

在关系数据库中，执行一个 SQL 查询语句的过程如图 1-3 所示。

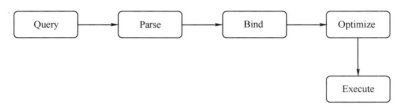

图 1-3　执行一个 SQL 查询语句的过程

输入 SQL 查询语句（Query）时，SQL 的查询引擎会首先对该查询语句进行解析，也就是将 SQL 中投影、数据源和过滤这 3 个模块解析出来形成一棵逻辑解析树（Tree），这个过程称为 Parse（解析）过程。当然在解析过程中会对 SQL 语句进行语法检查，看是否有错误，如是否缺少投影字段、数据源是否存在等。一旦发现语法错误，将停止解析并报错。当完成解析后，则会进入 Bind（绑定）过程。

Bind 过程是一个绑定的过程。它采用的策略是先将 SQL 查询语句分割成不同的部分，再解析形成逻辑解析树，之后将数据源的数据表位置、需要的字段、执行的逻辑这些信息都保存在数据库的数据字典中。所以 Bind 过程实质上把 Parse 过程形成的逻辑解析树与数据库的数据字典进行绑定的过程。Bind 过程完成后会形成一棵可执行的树，能够让程序知道表在哪、需要什么字段等信息。

Bind 过程完成后，数据库查询引擎会根据信息形成多个查询执行计划及每个查询执行计划的相关统计信息。查询执行计划虽然有多个，但是并不是每个都是最优的，所以数据库会根据这些查询执行计划的统计信息选择一个最优的查询执行计划，而该过程称为优化（Optimize）过程。

当经过上面的优化过程后，将进行执行（Execute）过程。该过程首先会执行操作模块，即 where 条件部分；然后找到数据源对应的数据表；最终形成结果集，即 select 模块。所以执行过程和解析过程的顺序并不同，是 Operation->DataSource->Result。

1.4.2　Spark SQL 的运行原理

前面讲解了传统 SQL 语句运行的流程及原理。在 Spark SQL 中，则是通过 SQLContext 或 HiveContext 来对 SQL 语句进行解析的。

对于 SQLContext 和 HiveContext，它们与 1.4.1 小节讲到的 SQL 语句的运行原理在本质上是类似的，都使用了相同的逻辑过程。本小节将分别为读者介绍 SQLContext 和 HiveContext

的执行过程。

1. SQLContext 的执行过程

SQLContext 的执行过程如图 1-4 所示。

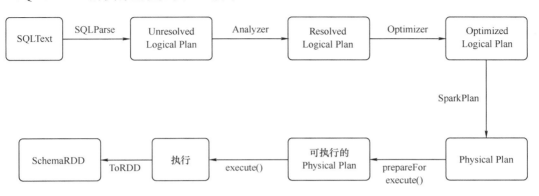

图 1-4　SQLContext 的执行过程

该过程主要分为以下几个步骤。

① 使用 SQLParse（SQL 解析器）将 SQLText（SQL 语句）解析成 Unresolved Logical Plan（未处理逻辑计划）。

② 使用 Analyzer（分析器）将 Unresolved Logical Plan 与数据字典进行绑定，生成 Resolved Logical Plan（已处理逻辑计划）。

③ 使用 Optimizer（优化器）对 Resolved Logical Plan 进行优化，生成 Optimized Logical Plan（优化的逻辑计划）。

④ 使用 SparkPlan 将 Optimized Logical Plan 转换成 Physical Plan（物理计划）。

⑤ 使用 prepareForexecute 函数将 Physical Plan 转换成可执行的 Physical Plan。

⑥ 使用 execute 函数执行 Physical Plan。

⑦ 将运行后的数据封装为 SchemaRDD。

2. HiveContext 的执行过程

HiveContext 处理数据的执行过程如图 1-5 所示。该过程主要分为以下几个步骤。

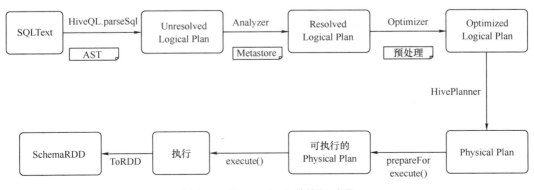

图 1-5　HiveContext 的执行过程

① 使用 HiveQL.parseSql 函数将 SQLText 解析成 Unresolved Logical Plan。

② 使用 Analyzer 将 Unresolved Logical Plan 与 Hive 元数据 Metastore 进行绑定，生成 Resolved Logical Plan。

③ 使用 Optimizer 对 Resolved Logical Plan 进行优化，生成 Optimized Logical Plan。优化前使用以下语句进行预处理。

```
ExtractPythonUdfs(catalog.PreInsertionCasts(catalog.CreateTables(analyzed)))
```

④ 使用 HivePlanner 将 Optimized Logical Plan 转换成 Physical Plan。

⑤ 使用 prepareForexecute 函数将 Physical Plan 转换成可执行的 Physical Plan。

⑥ 使用 execute 函数执行 Physical Plan。

⑦ 运行后，使用 map(_.copy)函数将结果导入 SchemaRDD。

在 SQL 语句执行时，需要经过解析、绑定、优化等过程，然后把逻辑计划转换为物理计划，最后封装成 DataFrame 模型。

从 Spark SQL 2.0 开始，Spark SQL 使用全新的 SparkSession 接口替代 Spark SQL 1.6 中的 SQLContext 和 HiveContext 来实现对数据的加载、转换和处理等。它能够实现 SQLContext 和 HiveContext 的所有功能。

1.4.3 Spark SQL 的开发步骤

在了解 Spark SQL 的开发步骤之前，读者需要了解 Spark SQL 的运行流程，如图 1-6 所示。

图 1-6 Spark SQL 的运行流程

流程中，首先把数据加载到 Spark SQL 中，然后通过 Spark SQL 进行数据处理，最后把处理后的数据输出到对应的输出源中。Spark SQL 的开发步骤如下。

1．数据源确定

思考数据源有哪些类型，有多少个数据源。Spark SQL 支持非常多的数据源类型，如 Hive、JSON、TXT 等，也支持以 JDBC 的方式从关系数据库中读取数据。

2．数据类型映射

思考数据类型映射的问题。在关系数据库中，通过定义的表结构及字段的类型来进行映射，而在 Spark SQL 中该如何映射？本书后面会详细讲解这个问题。

3．加载数据

加载数据时，Spark SQL 需要组织这些数据，并进行数据的映射。实际上，在 Spark SQL 中基于 RDD 封装了 DataFrame 和 DataSet 抽象模型。它们不仅可以存放数据，而且还保存了这些数据的 Schema 信息。它们和数据库的表类似，数据是按照行来存储的，而 Schema 记录着每一行数据属于哪个字段。因此，加载数据的过程本质就是构建 DataFrame 或 DataSet 的过程。

4．数据处理

有了 DataFrame 或 DataSet 后，就可以基于它们对数据进行处理了。它们提供了非常多的有用的方法来对数据进行处理，本书在后面会讲到。

5．数据输出

数据处理完后，需要对处理后的数据进行输出。读者可以通过 Spark SQL 将数据按相应格式输出到指定位置，如将数据以文本格式输出到 HDFS 上。

DataFrame 和 DataSet 都是 Spark SQL 的抽象模型。在实际开发过程中，读者可以选择其中一种抽象模型来对数据进行操作。需要注意，DataSet 是 DataFrame API 的一个扩展，是 Spark SQL 的一个新的数据抽象。本书将在后续章节中分别介绍它们。

1.5 Spark SQL 的运行模式

1.5.1 Local 模式

Local 模式是最简单的一种 Spark SQL 运行方式，采用单节点多线程（CPU）方式运行。Local 模式是一种开箱即用（Out Of The Box，OOTB）的方式，因此常用于开发和学习。

1.5.2 Standalone 模式

Spark SQL 自身携带资源管理框架，为其应用程序进行分布式计算提供支持。该集群模式由一个主节点和多个从节点组成，主节点称为 Master，从节点称为 Worker。

Standalone 模式主要适用于无 Hadoop 生态、无 Mesos 组件、无 K8S 的生产阶段，其运行过程如图 1-7 所示。

Standalone 模式的运行过程分为以下几步。

（1）SparkContext（驱动程序）连接到 Master，向 Master 注册并申请资源（CPU 和内存）。

（2）Master 根据 SparkContext 的资源申请要求以及 Worker 的负载情况决定将资源分配给哪个 Worker。一旦确定，将在指定 Worker 上启动 Executor 进程。

（3）启动的 Executor 向 SparkContext 注册。

（4）注册后，SparkContext 将应用程序代码发送给 Executor。

（5）发送代码的同时，SparkContext 解析应用程序代码，构建有向无环图（Directed Acyclic Graph，DAG）。

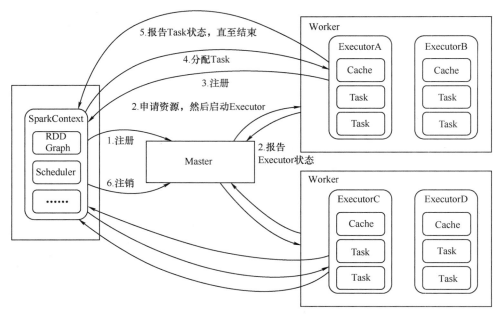

图 1-7　Standalone 模式的运行过程

（6）使用 SparkContext 中的 DAGScheduler（有向无环图调度器）将有向无环图分解成多个 Stage（阶段）。

（7）将分解的 Stage 转化为 TaskSet（任务集）提交给 SparkContext 中的 TaskScheduler（任务调度器），它负责将 Task（任务）分配给相应 Worker 中的 Executor 来执行。

（8）Executor 将建立 Executor 线程池，并开始执行 Task。在运行过程中，Executor 向 SparkContext 报告 Task 的执行状态，直至 Task 完成。

（9）所有 Task 完成后，SparkContext 向 Master 注销，Master 释放资源。

（7）～（9）的逻辑比较复杂，此处暂不讲解，后续章节会做专门介绍。

1.5.3　OnYarn 模式

OnYarn 模式就是将 Spark SQL 应用程序运行在 Yarn 集群上。该模式又分为 Yarn-Client（Yarn 客户端）模式和 Yarn-Cluster（Yarn 集群）模式。

1．Yarn-Client 模式

Yarn-Client 模式主要有以下几个特点。

① Driver 运行在客户端上。
② 当用户提交作业之后，不可关掉客户端。
③ 支持 Spark Shell（Spark 的一种交互式的运行方式）。
④ 更适用于交互、调试模式。

其运行过程如图 1-8 所示。

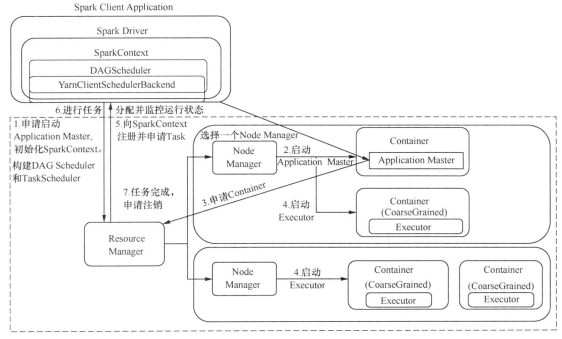

图 1-8 Yarn-Client 模式的运行流程

Yarn-Client 模式的运行流程如下。

① 应用程序运行时，由 Spark Client Application（Spark 应用程序客户端）的 SparkContext 向 Yarn 的 Resource Manager（资源管理器）申请启动 Application Master（应用主进程），同时在 SparkContext 初始化中创建 DAGScheduler 和 TaskScheduler（任务调度器）。

② Resource Manager 收到申请后，在集群中选择一个 Node Manager（节点管理器），并在选择的这个 Node Manager 上为该应用程序分配首个 Container（容器）。分配完成之后，Resource Manager（资源管理器）要求 Node Manager（节点管理器）在这个 Container（容器）中启动应用程序的 Application Master。最后由 Spark Client Application 进行 SparkContext 初始化操作。

③ SparkContext 初始化完毕后，与 Container 中的 Application Master 建立通信。此时，Application Master 向 Resource Manager 注册。注册完毕后，Application Master 根据任务信息向 Resource Manager 申请资源。

④ 一旦 Application Master 申请到资源（包含 CPU 和内存的 Container），便与对应的 Node Manager 通信，要求在 Node Manager 的 Container 中启动 Executor。Executor 启动后会向 Spark Client Application 中的 SparkContext 注册并申请 Task。

⑤ Spark Client Application 中的 SparkContext 分配 Task 给 Executor 执行。

⑥ Executor 运行 Task 并向 Spark Client Application 中的 SparkContext 汇报运行的状态和进度，以让 Spark Client Application 随时掌握各个 Task 的运行状态，从而可以在任务失败时重新启动任务。

⑦ 应用程序运行完成后，Spark Client Application 的 SparkContext 向 Resource Manager 申请注销并关闭。

2．Yarn-Cluster 模式

Yarn-Cluster 模式具备以下几个特点。

① SparkContext 运行在 Application Master 上。
② 当用户提交作业之后，就可以关掉 Client（运行应用程序的客户端）。
③ 不支持 Spark Shell。
④ 适用于生产环境。

其运行过程如图 1-9 所示。

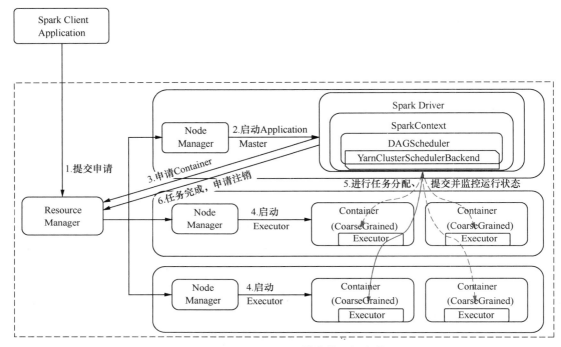

图 1-9　Yarn-Cluster 模式的运行流程

Yarn-Cluster 模式的运行流程如下。

① 应用程序运行时，由 Spark Client Application 的 SparkContext 向 Yarn 提交应用程序申请，包括 Application Master 程序、启动 Application Master 的命令、需要在 Executor 中运行的程序等。

② Resource Manager 收到申请后，在集群中选择一个 Node Manager，并在选择的这个 Node Manager 上为该应用程序分配首个 Container。分配完成之后，Resource Manager 要求 Node Manager 在这个 Container 中启动应用程序的 Application Master。最后由 Application Master（应用主进程）进行 SparkContext 初始化操作。

③ Application Master 向 Resource Manager 注册，这样用户可以直接通过 Resource Manager 查看应用程序的运行状态。Resource Manager 采用轮询的方式通过 RPC 协议为各个任务申请资源（包含 CPU 和内存的 Container），并监控这些 Container 的运行状态直到运行结束。

④ 一旦 Application Master 申请到资源（包含 CPU 和内存的 Container），便与对应的 Node Manager 通信，要求在 Node Manager 的 Container 中启动 Executor。Executor 启动后会向 Application Master 中的 SparkContext 注册并申请 Task。

⑤ Application Master 中的 SparkContext 分配 Task 给 Executor 执行。Executor 运行 Task 并向 Application Master 汇报运行的状态和进度，以便 Application Master 随时掌握各个 Task 的运行状态，从而可以在任务失败时重新启动任务。

⑥ 应用程序运行完成后，Application Master 向 Resource Manager 申请注销并关闭。

在 Yarn 中，Yarn-Client 模式和 Yarn-Cluster 模式的区别在于 SparkContext 运行的位置。在 Yarn-Cluster 模式下，SparkContext 运行在 Application Master 中，它负责向 Yarn 申请资源，并监督作业的运行状况。当用户提交作业之后，就可以关掉客户端，作业会继续在 Yarn 上运行，因而 Yarn-Cluster 模式不适合运行交互类型的作业。而在 Yarn-Client 模式下，SparkContext 运行在客户端中，而 Application Master 仅仅向 Yarn 请求 Executor，客户端会和请求的 Container 通信来调度它们工作，也就是说客户端不能关闭。

小　　结

通过本章的学习，相信读者对 Spark SQL 有了初步的认识，也了解了 Spark SQL 的运行原理及运行模式。下一章将带领读者进行 Spark SQL 的安装部署，让读者能够快速搭建 Spark SQL 运行环境。

习　　题

（1）简述 Spark SQL 的用途及使用场景。
（2）描述 Spark SQL 的运行原理。
（3）简述 Spark SQL 的运行原理和传统 SQL 的运行原理的区别。
（4）描述 Spark SQL 任务在 Standalone 模式下的运行过程。
（5）描述在 Spark SQL OnYarn 模式中，Yarn-Client 模式和 Yarn-Cluster 模式的区别。

第2章 Spark SQL 安装部署

➤ 学习目标

（1）了解 Spark SQL 的运行环境。
（2）掌握 Spark SQL 的安装部署。

2.1 运行环境说明

在安装部署 Spark SQL 之前，读者需要了解 Spark SQL 的运行环境，为此，本节将对 Spark SQL 的运行环境进行说明。

2.1.1 操作系统说明

Spark 可运行于多种操作系统平台上，如 Linux、Windows、Mac OS 等。

目前大部分大数据公司在开发和生产环境中使用 Linux 操作系统，而非 Windows 操作系统。这是因为 Linux 操作系统更稳定，消耗硬件资源更少。所以本书将在 CentOS 6.5（64bit）发行版操作系统上部署运行 Spark。

CentOS 的全称为 Community Enterprise Operating System（社区企业操作系统）。它是一个基于 Red Hat Linux 提供的可自由使用源码的企业级 Linux 发行版本。可以把 CentOS 理解为 Red Hat AS 系列，因为它完全就是对 Red Hat AS 进行改进后发布的，各种操作、使用方法都和 Red Hat 没有区别。CentOS 完全免费，不存在 Red Hat AS6 需要序列号的问题。CentOS 独有的 yum 命令支持在线升级，可以即时更新系统，不像 Red Hat 那样需要花钱购买支持服务。CentOS 还解决了许多 RHEL 的缺陷。

2.1.2 Java 版本说明

由于 Spark 是由 Scala 语言编写的，而 Scala 代码需要运行在 Java 的 JVM（Java 虚拟机），因此 Linux 操作系统上需要安装 Java 开发工具包（Java Development Kit，JDK）。

本书使用 Java 1.8U241（64bit）作为 Spark 的依赖软件。

2.1.3 Scala 版本说明

运行 Spark 除了需要 JDK，还需要 Scala 环境的支持。因为 Spark 是由 Scala 语言编写的，程序能够运行在 JVM 上的前提是需要将 Scala 代码编译成 JVM 能够认识的字节码。

本书使用 Scala 2.11.8 作为 Spark 的依赖软件。

2.1.4 操作系统客户端工具说明

在生产环境中，通常需要远程进入 Linux 操作系统，这可以通过命令进行操作（一般生产环境中的 Linux 操作系统无图形界面）。远程连接 Linux 操作系统的工具目前在市场上非常多，本书选择 SecureCRT 8.0（64bit）作为远程连接 CentOS 6.5（64bit）的工具。

2.2 运行环境准备

读者在上一节中了解了 Spark SQL 的运行环境，在部署 Spark SQL 之前需准备这些运行环境。CentOS 和操作系统客户端工具不作为本书的重点，故本书假设读者已经安装好 CentOS 操作系统客户端工具。

2.2.1 依赖下载

运行 Spark SQL 需要事先安装 Java、Scala 等基础环境。本书使用 Spark 2.4.5，其依赖的 Java 版本为 1.8U241，Scala 版本为 2.11.8，因此需要读者提前下载 Java 和 Scala。

1. 下载 Java

读者可在 Oracle 官网上下载 Java 安装文件。

由于本书使用的是 CentOS 6.5（64bit），因此进入下载界面后选择图 2-1 所示的框选的 Java 版本（rpm 包）进行下载。

Linux x64 RPM Package	121.53 MB	jdk-8u261-linux-x64.rpm
Linux x64 Compressed Archive	136.48 MB	jdk-8u261-linux-x64.tar.gz
macOS x64	203.94 MB	jdk-8u261-macosx-x64.dmg
Solaris SPARC 64-bit (SVR4 package)	125.77 MB	jdk-8u261-solaris-sparcv9.tar.Z

图 2-1 下载 Java 对应版本

2. 下载 Scala

读者可在 Scala 官网上下载 Scala 安装文件。

由于本书使用的是 Scala 2.11.8，因此单击图 2-2 所示的框选的 Scala 版本进行下载。

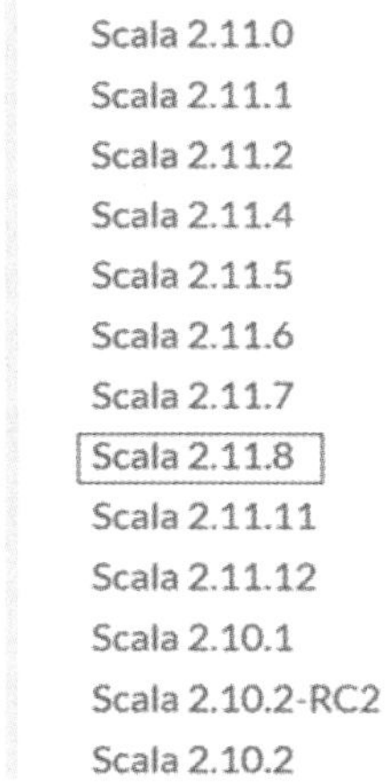

```
Scala 2.11.0
Scala 2.11.1
Scala 2.11.2
Scala 2.11.4
Scala 2.11.5
Scala 2.11.6
Scala 2.11.7
Scala 2.11.8
Scala 2.11.11
Scala 2.11.12
Scala 2.10.1
Scala 2.10.2-RC2
Scala 2.10.2
```

图 2-2　下载 Scala 对应版本

2.2.2　安装 Java

安装前，读者需要将下载好的 Java 安装包 jdk-8u261-linux-x64.rpm 放到 CentOS 指定目录（本书放在/opt/目录）下，并按以下步骤安装 Java。

（1）进入 Java 安装包所在目录，命令如下。

```
cd /opt/
```

该命令表示进入/opt/目录（注：本书的 Java 安装包放在该目录下）。

（2）使用 Shell 命令进行安装，命令如下。

```
rpm -ivh jdk-8u261-linux-x64.rpm
```

因为本书下载的 Java 安装包为.rpm 格式，所以通过上面的命令来安装.rpm 格式的 Java。

（3）使用下面的命令验证 Java 环境是否可用。

```
java -version
```

执行该命令后，如果出现其版本信息，则表示安装成功。

2.2.3　安装 Scala

和安装 Java 环境类似，首先读者需要将下载好的 Scala 安装包 scala-2.11.8.rpm 放到 CentOS 指定目录（本书放在/opt/目录）下，然后按以下步骤安装 Scala。

（1）进入 Scala 安装包所在目录，命令如下。

```
cd /opt/
```

该命令表示进入/opt/目录（注：本书的 Scala 安装包放在该目录下）。

（2）使用 Shell 命令进行安装，命令如下。

```
rpm -ivh scala-2.11.8.rpm
```

因为本书下载的 Scala 安装包为.rpm 格式，所以通过上面的命令来安装.rpm 格式的

Scala。

（3）使用下面的命令验证 Scala 环境是否可用。

```
scala -version
```

执行该命令后，如果出现其版本信息，则表示安装成功。

2.3 部署 Spark SQL

准备好 Spark SQL 的运行环境后，即可开始部署 Spark SQL。本节将一步一步带领读者进行 Spark SQL 的部署。需要说明的是，Spark SQL 为 Spark 的组件之一，因此部署 Spark SQL 的本质是部署 Spark。

2.3.1 下载安装包

安装之前，读者需要下载 Spark 安装包，步骤如下。

（1）进入 Spark 官网，选择 Spark 版本及对应的 Hadoop 版本（本书使用的 Spark 版本为 2.4.5，Hadoop 版本为 2.7）。

（2）选择好版本后，读者需要单击图 2-3 所示的框选部分下载对应版本的 Spark 安装包。

图 2-3 Spark 下载界面

下载完成后，就可以进行安装了。与安装 Java 和 Scala 类似，本书将下载好的 Spark 安装包 spark-2.4.5-bin-hadoop2.7.tgz 放到 CentOS 的/opt/目录下。

Spark 可以以单机（通常用于测试）或集群（通常用于生产环境）的方式部署，下面将分别介绍两种方式的部署步骤。

部署前，读者需将下载好的 Spark 安装包放到 CentOS 指定目录（本书放在/opt/目录）下。

2.3.2 单机部署

单机部署 Spark 非常简单，只需将从官网下载的安装包直接解压即可，具体步骤如下。

（1）进入 Spark 安装包所在目录，命令如下。

```
cd /opt/
```

该命令表示进入/opt/目录（注：本书的 Spark 安装包放在该目录下）。

（2）读者可以通过下面的命令对下载的 Spark 安装包进行解压。

```
tar -xzvf spark-2.4.5-bin-hadoop2.7.tgz
```

由于 Spark 安装包是一种.tgz 格式的压缩包，因此需要使用 tar 命令对其进行解压。解压后得到 spark-2.4.5-bin-hadoop2.7 目录。

（3）为了方便后期访问 Spark 目录，读者可修改安装包解压后目录的文件名为 spark-2.4.5，命令如下。

```
mv spark-2.4.5-bin-hadoop2.7 spark-2.4.5
```

该命令表示将 spark-2.4.5-bin-hadoop2.7 目录重命名为 spark-2.4.5。

（4）使用 vim 命令打开/etc/profile 文件，并在文件结尾加入下面的内容。

```
export SPARK_HOME=/opt/sparkDeploy/spark-2.4.5
export PATH=$PATH:$SPARK_HOME/bin:$SPARK_HOME/sbin
```

修改该文件是为了配置 Spark 环境变量，不必进入 Spark 的命令脚本所在目录执行 Spark 命令，方便操作 Spark。

加入以上内容之后，需要使用以下命令使刚刚加入的环境变量立即生效。

```
source /etc/profile
```

该命令表示执行/etc/profile 文件，从而使之前修改的配置生效。

（5）配置完环境变量之后，可以使用如下命令启动 Spark 服务。

```
start-all.sh
```

由于在上一步配置了环境变量，因此可以在任意目录执行该命令。

如果没有配置环境变量，那么启动 Spark 服务就需要使用脚本的全路径，命令如下所示。

```
/opt/spark-2.4.5/sbin/start-all.sh
```

（6）配置完环境变量之后，可以使用如下命令停止 Spark 服务。

```
stop-all.sh
```

由于在上一步配置了环境变量，因此可以在任意目录执行该命令。

如果没有配置环境变量，那么停止 Spark 服务就需要使用脚本的全路径，命令如下所示。

```
/opt/spark-2.4.5/sbin/stop-all.sh
```

通过上述步骤，读者可以快速地部署单机运行的 Spark 服务。有了 Spark 服务，读者就可以将编写好的 Spark 应用程序运行在该服务上了。

2.3.3　集群部署

通常情况下，开发人员希望 Spark 以集群方式运行，从而实现分布式计算。因此，本小节将为读者讲解以 Standalone 模式部署 Spark 集群的方法。

为了方便介绍 Spark 的集群模式安装，本书准备了 4 个服务器，如表 2-1 所示。

表 2-1　　　　　　　　　　　　　　　服务器信息

序号	服务器名称	IP 地址	备注
1	spark.deploy	192.168.127.80	主节点
2	slave1.deploy	192.168.127.81	计算节点-1
3	slave2.deploy	192.168.127.82	计算节点-2
4	slave3.deploy	192.168.127.83	计算节点-3

本书将下载好的 Spark 安装包放到 spark.deploy 主节点服务器的指定目录（本书放在/opt/目录）下，并按以下步骤进行部署。

（1）进入 spark.deploy 主节点服务器的 Spark 安装包所在目录，命令如下。

```
cd /opt/
```

该命令表示进入/opt/目录（注：本书的 Spark 安装包放在该目录下）。

（2）使用以下命令解压 spark.deploy 主节点服务器的安装包。

```
tar -xzvf spark-2.4.5-bin-hadoop2.7.tgz
```

由于 Spark 安装包是一种.tgz 格式的压缩包，因此需要通过 tar 命令对其进行解压。解压后得到 spark-2.4.5-bin-hadoop2.7 目录。

（3）修改 spark.deploy 主节点服务器的 Spark 安装包目录名。

为了后期方便访问 Spark 目录，读者可修改安装包解压后目录的文件名为 spark-2.4.5，命令如下。

```
mv spark-2.4.5-bin-hadoop2.7 spark-2.4.5
```

该命令表示将 spark-2.4.5-bin-hadoop2.7 目录重命名为 spark-2.4.5。

（4）修改 spark.deploy 主节点服务器的 Spark 的配置。

使用下面的命令进入 Spark 的配置目录中。

```
cd /opt/spark-2.4.5/conf
```

由于 Spark 要以集群方式运行，因此需要配置集群的计算节点。该配置需要配置在 slaves 文件中，而 Spark 配置目录下只有一个名为 slaves.template 的模板文件，并没有名为 slaves 的文件，故这里使用下面的命令将 slaves.template 文件重命名为 slaves。

```
cp slaves.template slaves
```

该命令表示复制一份 slaves.template 文件，并将其重命名为 slaves。有了 slaves 配置文件后，需要将本书的计算节点配置到该文件中。因此，需要编辑 slaves 文件，命令如下所示。

```
vim /opt/spark-2.4.5/conf/slaves
```

使用上面的命令可以对 slaves 文件进行编辑。本书将计算节点服务器名配置到了 slaves 文件中，命令如下所示。

```
slave1.deploy
slave2.deploy
slave3.deploy
```

（5）建立集群 ssh 无密码访问。

由于开发人员通常只需要在主节点上启动或停止 Spark 集群，而在启动或停止的过程中，主节点服务器要通过 ssh 协议远程控制计算节点的 Spark 进程的启动或停止，因此如果不建立集群 ssh 无密码访问，在启动或停止 Spark 集群时，操作系统就会让操作人员手动输入每个计算节点的密码，这样做非常麻烦。建立集群 ssh 无密码访问，可以使各个节点相互之间通过 ssh 协议访问时，无须操作人员手动输入每一个计算节点的密码。

为了方便后续操作，本书将为集群（所有节点）建立 ssh 无密码访问，具体步骤如下：

① 在所有服务器上生成 ssh 无密码密钥。

分别在所有服务器上执行下面的命令，生成各个服务器自身的 ssh 无密码密钥。

```
ssh-keygen -t rsa -P '' -f ~/.ssh/id_rsa
```

上面的命令表示通过密钥生成器命令，采用 rsa 算法生成一个密码为空的密钥，并保存到~/.ssh/id_rsa 文件中。

② 在所有服务器上修改密钥相关文件的权限。

分别在所有服务器上执行下面的命令，为各个服务器的 ssh 密钥相关目录及文件指定操作权限。

```
chmod 700 ~/.ssh
chmod 600 ~/.ssh/*
```

上面的命令表示分别为~/.ssh 目录及~/.ssh 目录下的所有文件指定操作权限。其中~/.ssh 目录的权限为 700（属主具有读、写及执行的权限，其他用户不具有任何权限），~/.ssh 目录下的所有文件的权限为 600（属主具备读和写的权限，其他用户不具有任何权限）。

③ 在各个服务器上添加其自身的无密码访问。

分别在各个服务器上执行下面的命令，实现各个服务器通过 ssh 访问自身时无须输入密码。

```
cat ~/.ssh/id_rsa.pub >> ~/.ssh/authorized_keys
```

上面的命令表示将无密码的 ssh 公钥（ssh 生成的密钥对应会有一个公钥）放入~/.ssh/authorized_keys 文件中，从而使得各个服务器通过 ssh 能够无密码访问自身。

④ 验证各个服务器能否通过 ssh 无密码访问自身。

在各个服务器上分别执行下面的命令。

```
ssh localhost
```

该命令表示通过 ssh 访问本机，如果执行后不需要输入密码就能访问本机，则说明各个服务器可以通过 ssh 访问自身。

⑤ 分别在 3 个计算节点上远程复制公钥到主节点。

在计算节点 slave1.deploy 上执行以下命令。

```
scp ~/.ssh/authorized_keys root@spark.deploy:~/.ssh/authorized_keys.slave1
```

该命令表示将计算节点 slave1.deploy 的公钥复制到主节点 spark.deploy 的~/.ssh/authorized_keys.slave1 文件中。由于此时 slave1.deploy 计算节点还未添加 ssh 无密码访问主节点 spark.deploy，因此执行此命令需要输入主节点 spark.deploy 服务器的密码。

同理，在计算节点 slave2.deploy 上执行以下命令，将该节点的公钥复制到主节点

spark.deploy 的~/.ssh/authorized_keys.slave2 文件中。

```
scp ~/.ssh/authorized_keys root@spark.deploy:~/.ssh/authorized_keys.slave2
```

同理，在计算节点 slave3.deploy 上执行以下命令，将该节点的公钥复制到主节点 spark.deploy 的~/.ssh/authorized_keys.slave3 文件中。

```
scp ~/.ssh/authorized_keys root@spark.deploy:~/.ssh/authorized_keys.slave3
```

⑥ 合并所有计算节点的公钥。

为了能够让各个计算节点无密码访问主节点 spark.deploy，需要将 3 个计算节点的公钥（之前已经全部复制到了主节点上）放入主节点的~/.ssh/authorized_keys 文件中。执行以下命令进入~/.ssh 目录。

```
cd ~/.ssh
```

将所有计算节点复制来的公钥文件中的公钥放入 authorized_keys 文件中，命令如下。

```
cat authorized_keys.slave1 >> authorized_keys
cat authorized_keys.slave2 >> authorized_keys
cat authorized_keys.slave3 >> authorized_keys
```

使用 cat 命令将各个计算节点保存在文件中的公钥追加输出到 authorized_keys 文件中。公钥放入该文件后，其他所有计算节点就能够无密码访问主节点 spark.deploy 了。

⑦ 验证计算节点到主节点的无密码访问。

分别在各个计算节点上执行以下命令，验证计算节点是否能无密码访问主节点。

```
ssh root@spark.deploy
```

如果各个计算节点都能够在不输入主节点密码的情况下直接访问主节点，则代表计算节点到主节点的无密码访问设置成功。

⑧ 主节点无密码访问所有计算节点。

将第⑥步主节点合并后的 authorized_keys 文件分别复制到各个计算节点上，实现主节点能够无密码访问各个计算节点。

```
scp ~/.ssh/authorized_keys root@slave1.deploy:~/.ssh/authorized_keys
scp ~/.ssh/authorized_keys root@slave2.deploy:~/.ssh/authorized_keys
scp ~/.ssh/authorized_keys root@slave3.deploy:~/.ssh/authorized_keys
```

该命令表示将主节点的~/.ssh/authorized_keys 文件分别远程复制到各个计算节点的~/.ssh/authorized_keys 文件中。由于此时 spark.deploy 主节点还未添加 ssh 无密码访问其他各个计算节点，因此执行此命令需要输入各个计算节点服务器的密码。

⑨ 验证主节点能否无密码访问计算节点。

在主节点上分别执行以下命令，验证主节点是否能无密码访问各个计算节点。

```
ssh root@slave1.deploy
ssh root@slave2.deploy
ssh root@slave3.deploy
```

（6）复制安装程序。

使用以下命令将主节点 spark.deploy 之前配置的 Spark 安装包分别复制到 slave1.deploy、

slave2.deploy、slave3.deploy 服务器。

```
scp -r /opt/spark-2.4.5 root@slave1.deploy/opt/
scp -r /opt/spark-2.4.5 root@slave2.deploy/opt/
scp -r /opt/spark-2.4.5 root@slave3.deploy/opt/
```

上面 3 个命令分别将主节点 spark.deploy 的/opt/目录下的 spark-2.4.5 目录及文件复制到各个计算服务器的/opt/目录下。由于各个服务器之间已经配置了 ssh 无密码访问，因此执行这 3 个命令时操作系统将不会提示输入密码。

（7）配置环境变量。

在每个服务器上使用 vim 命令打开/etc/profile 文件，命令如下。

```
vim /etc/profile
```

该命令表示编辑/etc/profile 文件。编辑时，在每个服务器的该文件的结尾加入以下内容。

```
export SPARK_HOME=/opt/sparkDeploy/spark-2.3.1
export PATH=$PATH:$SPARK_HOME/bin:$SPARK_HOME/sbin
```

编辑完成后，同样需要在各个服务器上执行以下命令，使每个服务器刚刚加入的环境变量立即生效。

```
source /etc/profile
```

（8）启动 Spark 服务。

配置完环境变量之后，可以使用如下命令启动 Spark 服务。

```
start-all.sh
```

由于在上一步配置了环境变量，因此可以在任意目录执行该命令。

如果没有配置环境变量，那么启动 Spark 服务就需要使用脚本的全路径，命令如下所示。

```
/opt/spark-2.4.5/sbin/start-all.sh
```

启动 Spark 集群成功后，可以通过浏览器访问主节点的 8080 端口来访问 Spark 界面，如图 2-4 所示。

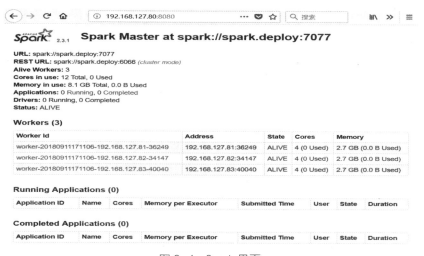

图 2-4　Spark 界面

(9)停止 Spark 服务。

配置完环境变量之后,可以使用如下命令停止 Spark 服务。

```
stop-all.sh
```

由于在第(7)步配置了环境变量,因此可以在任意目录执行该命令。

如果没有配置环境变量,那么停止 Spark 服务就需要使用脚本的全路径,命令如下所示。

```
/opt/spark-2.4.5/sbin/stop-all.sh
```

至此,本书通过上述步骤,实现了以 Standalone 模式部署的 Spark 集群。

2.3.4 运行环境参数

读者在 2.3.3 小节中知道了如何部署 Spark 集群,但是 2.3.3 小节并没有对其运行环境参数做过多的说明(未设置参数时 Spark 将使用默认值)。因此,本小节将为读者讲解 Spark 集群的运行环境参数。通过本小节的学习,读者在部署 Spark 集群时,就能够根据实际生产环境设置相应的 Spark 运行环境参数,从而合理地使用集群资源,加快应用程序的运行速度。

为了能够设置 Spark 运行环境参数,读者需要在启动 Spark 集群之前修改 Spark 安装包下 conf 目录的 spark-env.sh 脚本文件。该文件最开始在 conf 目录下并不存在,需要将该目录下的 spark-env.sh.template 文件重命名为 spark-env.sh,命令如下所示。

```
cd /opt/spark-2.4.5/conf/
cp spark-env.sh.template spark-env.sh
```

上面的命令表示进入 Spark 的 conf 目录,复制 spark-env.sh.template 文件并重命名为 spark-env.sh。

有了该脚本文件后,使用下面的命令对其进行修改。

```
vim spark-env.sh
```

该命令表示编辑 spark-env.sh 文件,该文件部分关键参数如下。

```
# Options read when launching programs locally with
# ./bin/run-example or ./bin/spark-submit
# - HADOOP_CONF_DIR, to point Spark towards Hadoop configuration files

# Options read in YARN client mode
# - HADOOP_CONF_DIR, to point Spark towards Hadoop configuration files
# - SPARK_EXECUTOR_INSTANCES, Number of executors to start (Default: 2)
# - SPARK_EXECUTOR_CORES, Number of cores for the executors (Default: 1).
# - SPARK_EXECUTOR_MEMORY, Memory per Executor (e.g. 1000MB、2G) (Default: 1GB)
# - SPARK_DRIVER_MEMORY, Memory for Driver (e.g. 1000MB、2G) (Default: 1GB)

# Options for the daemons used in the standalone deploy mode
# - SPARK_WORKER_CORES, to set the number of cores to use on this machine
# - SPARK_WORKER_MEMORY, to set how much total memory workers have to give executors
(e.g. 1000MB、2GB)
# - SPARK_WORKER_INSTANCES, to set the number of worker processes per node
# - SPARK_WORKER_DIR, to set the working directory of worker processes
```

该文件中的所有运行环境参数都是被注释掉的,因此它们使用的都是默认值。下面将为读者分别介绍各个参数。

1. HADOOP_CONF_DIR

Spark 集群运行时，需要将它的值设置为 Hadoop 的配置文件目录。

2. SPARK_EXECUTOR_INSTANCES

当 Spark 以 OnYarn 模式运行应用程序时，可通过该参数指定 Spark 启动的 Executor 个数，默认值为 2。

3. SPARK_EXECUTOR_CORES

当 Spark 以 OnYarn 模式运行应用程序时，可通过该参数指定 Spark 启动的每个 Executor 可用的 CPU 核数，默认值为 1。需要注意的是，每个 Executor 的 CPU 核数决定了该 Executor 可同时运行的任务数（一个任务占一个 CPU 核）。

4. SPARK_EXECUTOR_MEMORY

当 Spark 以 OnYarn 模式运行应用程序时，可通过该参数指定 Spark 启动的每个 Executor 可用的内存，格式为 1000MB、2GB 等，默认值为 1GB。

5. SPARK_DRIVER_MEMORY

当 Spark 以 OnYarn 模式运行应用程序时，可通过该参数指定 Spark 应用程序的 Driver 端使用的最大内存，例如 1000MB、2GB 等，默认值为 1GB。

6. SPARK_WORKER_CORES

当 Spark 以 Standalone 模式运行应用程序时，可通过该参数指定本机上的 Worker 允许 Spark 应用程序使用的 CPU 核数上限，默认是计算机上所有的 CPU。

7. SPARK_WORKER_MEMORY

当 Spark 以 Standalone 模式运行应用程序时，可通过该参数指定本机上的 Worker 允许 Spark 应用程序使用的内存上限，例如 1000MB、2GB 等。

8. SPARK_WORKER_INSTANCES

当 Spark 以 Standalone 模式运行应用程序时，可通过该参数指定当前计算机上的 Worker 进程数量，默认值是 1，当设置成多个时，一定要设置 SPARK_WORKER_CORES，以限制每个 Worker 可以使用的 CPU 核数。

9. SPARK_WORKER_DIR

当 Spark 以 Standalone 模式运行应用程序时，可通过该参数指定 Worker 的工作目录，默认是${SPARK_HOME}/work。

上面就是对关键参数做的说明。如果读者希望修改某个参数值，则需要打开注释，并使用如下方式设置参数。

```
SPARK_WORKER_MEMORY=1GB
```

小　　结

通过本章的学习，读者应该能够自己搭建 Spark 的运行环境。下一章将带领读者搭建开发环境，并开始编写第一个 Spark SQL 程序。

习　　题

（1）按照本书的步骤部署单机 Spark SQL 运行环境。
（2）按照本书的步骤部署集群 Spark SQL 运行环境。
（3）按照实际生产环境设置运行环境参数。

第3章 第一个 Spark SQL 应用程序

➢ 学习目标

（1）掌握 Spark SQL 开发环境的搭建方法。
（2）掌握 Spark SQL 应用程序的开发流程。
（3）掌握 Spark SQL 应用程序的运行方式。

3.1 搭建开发环境

部署好 Spark SQL 运行环境后，就具备了运行 Spark SQL 应用程序的条件。因此，读者可以将编写好的 Spark SQL 应用程序提交到集群上运行。在此之前，读者需要安装开发工具，有了开发工具才能编写 Spark SQL 应用程序。

开发 Spark SQL 应用程序常用的开发工具主要有 Eclipse、IDEA 等。Eclipse 是一个开放源码、基于 Java 的可扩展开发平台，在业界占有大量的市场份额。使用它可以方便地进行 Java 开发、Scala 开发。IDEA 全称为 IntelliJ IDEA，是用于 Java、Scala 语言开发的集成环境，IDEA 在业界被公认是最好的 Java 开发工具之一，尤其在智能代码助手、代码自动提示、重构、Java EE 支持、Ant、JUnit、CVS 整合、代码审查、创新的 GUI 设计等方面可以说是非常优越的，同时也是最为主流的 Java、Scala 语言开发工具。IDEA 有商业版、教育版，学习期间可以使用教育版，商业开发建议采用商业版。

本书开发环境使用 IDEA 教育版，下面讲解如何搭建 IDEA 教育版的开发环境。

3.1.1 下载开发工具

开发工具的下载步骤如下。
（1）进入 IDEA 官网，单击框选的 Download 按钮进入下载界面，如图 3-1 所示。
（2）在下载界面中，单击框选的 Download（exe）按钮，下载开发工具，如图 3-2 所示。

IDEA 教育版的开发工具下载完成后，准备使用其安装软件进行安装。

图 3-1　IDEA 官网

图 3-2　下载开发工具

3.1.2　安装 IDEA

由于开发人员通常在 Windows 操作系统下编写 Spark SQL 代码，因此本书将在 Windows 操作系统下安装 IDEA，步骤如下。

（1）双击下载的 IDEA 安装软件（本书版本为 ideaIE-2019.3.2），进入安装界面，单击 Next 按钮，如图 3-3 所示。

图 3-3　IDEA 安装界面

（2）根据实际情况指定开发工具安装目录后，单击 Next 按钮，如图 3-4 所示。

（3）如果读者的计算机操作系统是 64 位的，请选中 64-bit launcher 复选框后单击 Next 按钮，如图 3-5 所示。

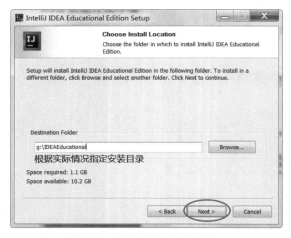

图 3-4　指定 IDEA 安装目录

图 3-5　IDEA 安装选项

（4）安装过程如图 3-6 所示。

（5）选中 Run IntelliJ IDEA Educational Edition 复选框后单击 Finish 按钮完成安装，如图 3-7 所示。

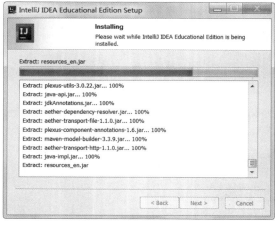

图 3-6　IDEA 安装过程

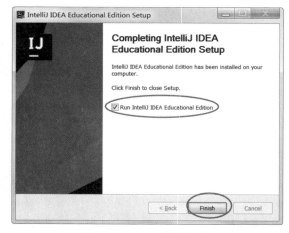

图 3-7　IDEA 安装完成

至此，IDEA 开发工具安装完成。

3.2　编写 Spark SQL 应用程序

Spark SQL 开发环境准备完毕后，接下来就可以进行 Spark SQL 应用程序的编写了。由于读者还不熟悉 Spark SQL 应用程序如何编写，且相关专业术语还不清楚，因此本节将以官网上的示例程序进行演示，使读者对开发和运行流程有一个直观的感受。

3.2.1 Spark SQL 应用程序的编写步骤

在开始编写 Spark SQL 应用程序之前，读者需要了解编写 Spark SQL 应用程序的常规步骤，如下所示。

（1）创建 Spark SQL 工程。
（2）创建 SparkSession 对象。
（3）创建 DataFrame 或 Dataset。
（4）在 DataFrame 或 Dataset 上进行数据操作。
（5）返回结果。
（6）保存结果。

3.2.2 编写第一个 Spark SQL 应用程序

1．创建工程

在 IDEA 界面，单击 New Project 按钮，打开图 3-8 所示的界面。为了给 IDEA 添加 Scala 语法支持，需要选中 Scala 复选框，并单击 Create 按钮进行 Scala 环境选择，然后单击 Next 按钮。

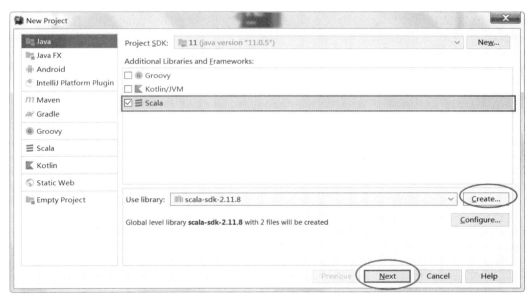

图 3-8　创建新工程

进行 Scala 环境选择时，会弹出图 3-9 所示的界面，此时选中 Scala 相应版本后（本书版本为 2.11.8）单击 OK 按钮确定。

进入图 3-10 所示的工程名称及路径设置界面。在该界面中需设置 Project name（工程名称）与 Project location（工程保存路径），设置完毕后即可单击 Finish 按钮完成工程创建。

图 3-9　Scala 环境版本设置

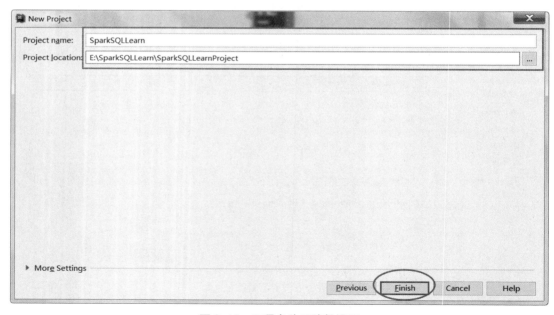

图 3-10　工程名称及路径设置

2．创建 Scala 包

用鼠标右键单击工程中的 src 目录，选中 New->Package 菜单，创建一个名为 com.spark.

sql.learn 的包，如图 3-11 所示。

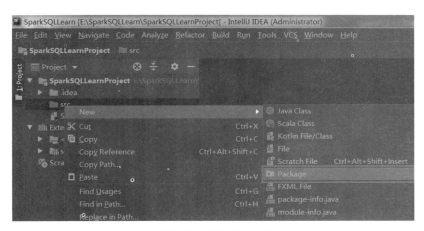

图 3-11　创建 Scala 包

3．创建 Scala 类

用鼠标右键单击上一步创建的包，选中 New->Scala Class 菜单，创建一个名为 FirstSparkSQL 的类，如图 3-12 所示。

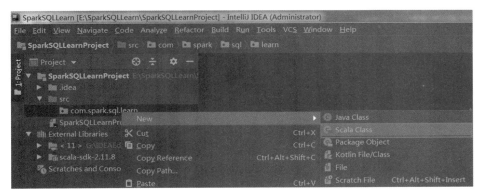

图 3-12　创建 Scala 类

需要注意的是，在创建 Scala 类时，需指定类的类型为 Object，如图 3-13 所示。

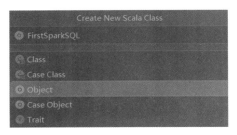

图 3-13　指定类的类型

成功创建类后，之前的包下会出现刚才创建的 Scala Object 类，如图 3-14 所示。

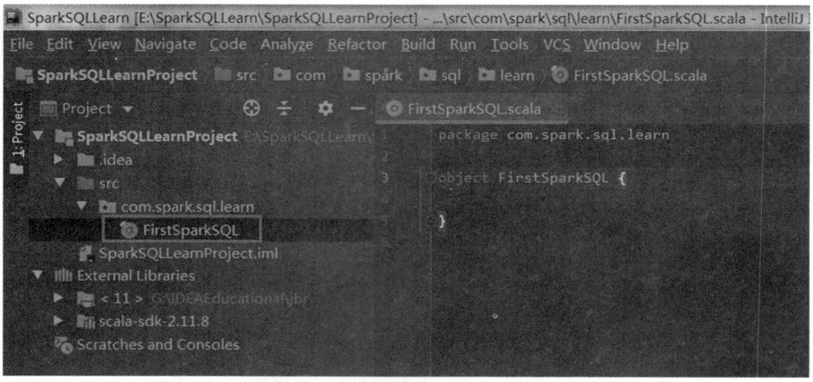

图 3-14 查看创建的 Scala 类

4．开启 Maven 支持

Maven 能够帮助开发人员方便快捷地引入需要的包，因此需要开启项目对 Maven 的支持。开启方式为用鼠标右键单击项目名称，选中 Add Framework Support 菜单，如图 3-15 所示。

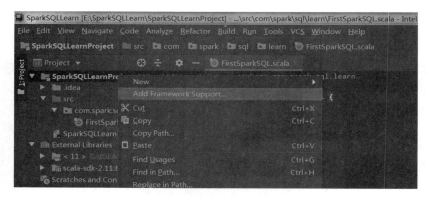

图 3-15 准备开启 Maven 支持

此时，在弹出的界面中选中 Maven 复选框，单击 OK 按钮开启 Maven 支持，如图 3-16 所示。

5．通过 Maven 引入 Spark SQL 开发包

开启 Maven 支持后，项目的根目录下会新增一个 pom.xml 文件，编辑该文件可以引入 Spark SQL 开发包，因此读者可以在该文件中添加如下内容。

```xml
<properties>
  <spark.version>2.4.5</ spark.version>
</properties>
<dependencies>
  <dependency>
    <groupId>org.apache.spark></groupId>
    <artifactId>spark-sql_2.11</ artifactId>
    <version>${spark.version}</version>
```

```
        </dependency>
    </dependencies>
```

添加后，pom.xml 文件内容如图 3-17 所示。

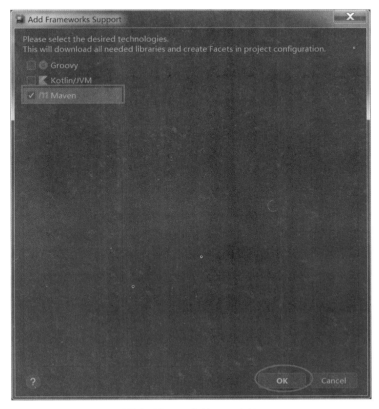

图 3-16　开启 Maven 支持

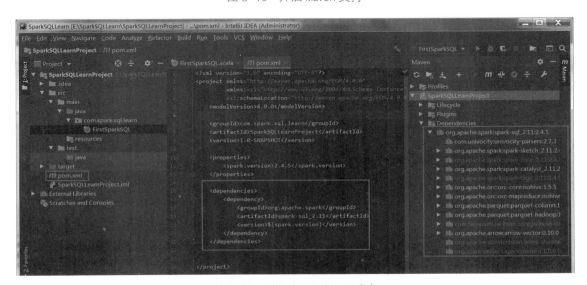

图 3-17　引入 Spark SQL 开发包

6. 导入官方 Spark SQL 实例

在 Spark 官方网站上，选择相关选项后单击框选的 spark-2.4.5.tgz 下载源码，如图 3-18 所示。

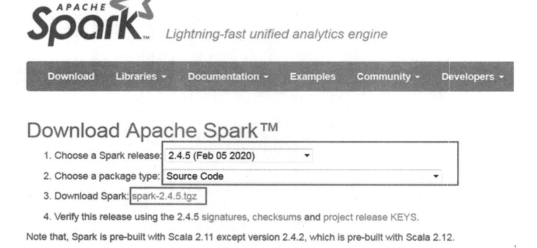

图 3-18　下载实例源码

解压源码文件，从源码目录 examples\src\main\scala\org\apache\spark\examples\sql\中找到 SparkSQLExample.scala 文件，如图 3-19 所示。

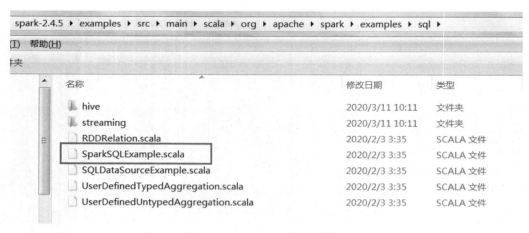

图 3-19　Spark SQL 实例源码

使用记事本应用程序打开此文件，将其内容复制到工程中的 FirstSparkSQL.scala 文件中，如图 3-20 所示。

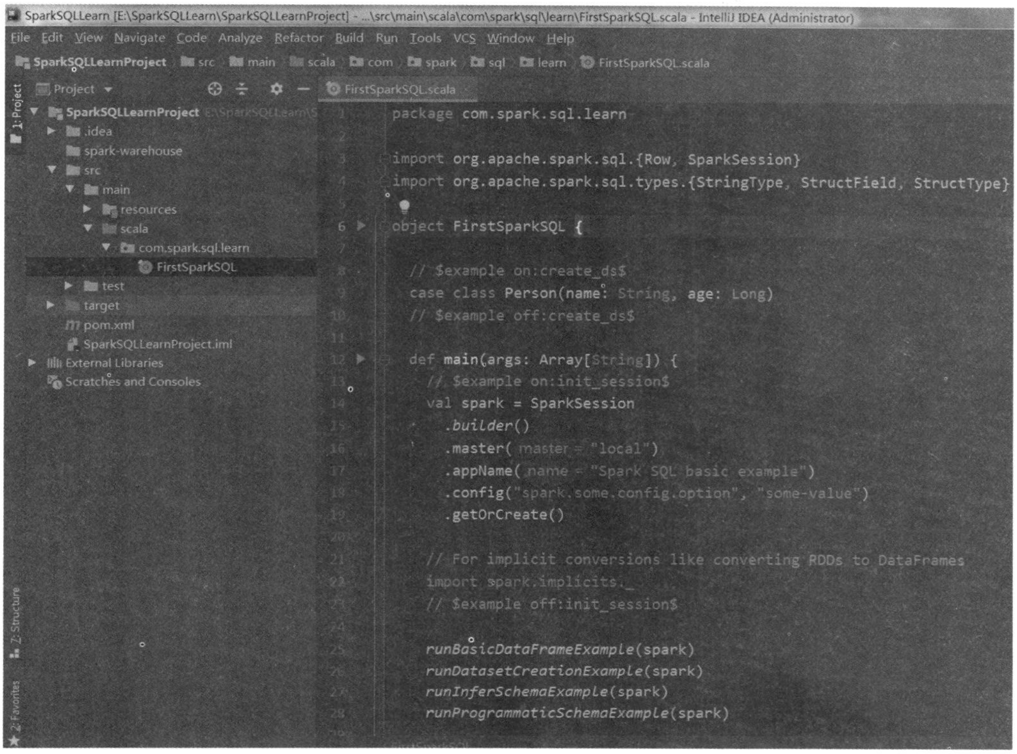

第 3 章　第一个 Spark SQL 应用程序

图 3-20　导入实例中的 Spark SQL 源码

此时 FirstSparkSQL.scala 文件全文内容如下。

```
package com.spark.sql.learn
import org.apache.spark.sql.{Row, SparkSession}
import org.apache.spark.sql.types.{StringType, StructField, StructType}
import org.apache.log4j.{Level, Logger}
object FirstSparkSQL {
  // $example on:create_ds$
  case class Person(name: String, age: Long)
  // $example off:create_ds$
  def main(args: Array[String]) {
    // $example on:init_session$
    val spark = SparkSession
      .builder()
      .master("local")
      .appName("SparkSQL basic example")
      .config("spark.some.config.option", "some-value")
      .getOrCreate()
    // For implicit conversions like converting RDDs to DataFrames
    import spark.implicits._
    // $example off:init_session$
    runBasicDataFrameExample(spark)
    runDatasetCreationExample(spark)
    runInferSchemaExample(spark)
    runProgrammaticSchemaExample(spark)
```

```scala
    spark.stop()
  }
  private def runBasicDataFrameExample(spark: SparkSession): Unit = {
    // $example on:create_df$
    val df = spark.read.json("src/main/resources/people.json")
    // Displays the content of the DataFrame to stdout
    df.show()
    // +----+-------+
    // | age|   name|
    // +----+-------+
    // |null|Michael|
    // |  30|   Andy|
    // |  19| Justin|
    // +----+-------+
    // $example off:create_df$
    // $example on:untyped_ops$
    // This import is needed to use the $-notation
    import spark.implicits._
    // Print the schema in a tree format
    df.printSchema()
    // root
    // |-- age: long (nullable = true)
    // |-- name: string (nullable = true)
    // Select only the "name" column
    df.select("name").show()
    // +-------+
    // |   name|
    // +-------+
    // |Michael|
    // |   Andy|
    // | Justin|
    // +-------+
    // Select everybody, but increment the age by 1
    df.select($"name", $"age" + 1).show()
    // +-------+---------+
    // |   name|(age + 1)|
    // +-------+---------+
    // |Michael|     null|
    // |   Andy|       31|
    // | Justin|       20|
    // +-------+---------+
    // Select people older than 21
    df.filter($"age"> 21).show()
    // +---+----+
    // |age|name|
    // +---+----+
    // | 30|Andy|
    // +---+----+
    // Count people by age
    df.groupBy("age").count().show()
    // +----+-----+
```

```
    // | age|count|
    // +----+-----+
    // |  19|    1|
    // |null|    1|
    // |  30|    1|
    // +----+-----+
    // $example off:untyped_ops$
    // $example on:run_sql$
    // Register the DataFrame as a SQL temporary view
    df.createOrReplaceTempView("people")
    val sqlDF = spark.sql("SELECT * FROM people")
 sqlDF.show()
    // +----+-------+
    // | age|   name|
    // +----+-------+
    // |null|Michael|
    // |  30|   Andy|
    // |  19| Justin|
    // +----+-------+
    // $example off:run_sql$
    // $example on:global_temp_view$
    // Register the DataFrame as a global temporary view
    df.createGlobalTempView("people")
    // Global temporary view is tied to a system preserved database `global_temp'
    spark.sql("SELECT * FROM global_temp.people").show()
    // +----+-------+
    // | age|   name|
    // +----+-------+
    // |null|Michael|
    // |  30|   Andy|
    // |  19| Justin|
    // +----+-------+
    // Global temporary view is cross-session
    spark.newSession().sql("SELECT * FROM global_temp.people").show()
    // +----+-------+
    // | age|   name|
    // +----+-------+
    // |null|Michael|
    // |  30|   Andy|
    // |  19| Justin|
    // +----+-------+
    // $example off:global_temp_view$
  }
  private def runDatasetCreationExample(spark: SparkSession): Unit = {
    import spark.implicits._
    // $example on:create_ds$
    // Encoders are created for case classes
    val caseClassDS = Seq(Person("Andy", 32)).toDS()
 caseClassDS.show()
    // +----+---+
    // |name|age|
```

```
        // +----+---+
        // |Andy| 32|
        // +----+---+

        // Encoders for most common types are automatically provided by importing
    spark.implicits._
        val primitiveDS = Seq(1, 2, 3).toDS()
    primitiveDS.map(_ + 1).collect() // Returns: Array(2, 3, 4)
        // DataFrames can be converted to a Dataset by providing a class. Mapping
    will be done by name
        val path = "src/main/resources/people.json"
        val peopleDS = spark.read.json(path).as[Person]
    peopleDS.show()
        // +----+-------+
        // | age|   name|
        // +----+-------+
        // |null|Michael|
        // |  30|   Andy|
        // |  19| Justin|
        // +----+-------+
        // $example off:create_ds$
    }
    private def runInferSchemaExample(spark: SparkSession): Unit = {
        // $example on:schema_inferring$
        // For implicit conversions from RDDs to DataFrames
        import spark.implicits._
        // Create an RDD of Person objects from a text file, convert it to a Dataframe
        val peopleDF = spark.sparkContext
          .textFile("src/main/resources/people.txt")
          .map(_.split(","))
          .map(attributes => Person(attributes(0), attributes(1).trim.toInt))
          .toDF()
        // Register the DataFrame as a temporary view
    peopleDF.createOrReplaceTempView("people")
        // SQL statements can be run by using the sql methods provided by Spark
        val teenagersDF = spark.sql("SELECT name, age FROM people WHERE age BETWEEN
    13 AND 19")
        // The columns of a row in the result can be accessed by field index
    teenagersDF.map(teenager =>"Name: " + teenager(0)).show()
        // +------------+
        // |       value|
        // +------------+
        // |Name: Justin|
        // +------------+
        // or by field name
    teenagersDF.map(teenager =>"Name: " + teenager.getAs[String]("name")).show()
        // +------------+
        // |       value|
        // +------------+
        // |Name: Justin|
```

```scala
        // +------------+
        // No pre-defined encoders for Dataset[Map[K,V]], define explicitly
        implicit val mapEncoder = org.apache.spark.sql.Encoders.kryo[Map[String, Any]]
        // Primitive types and case classes can be also defined as
        // implicit val stringIntMapEncoder: Encoder[Map[String, Any]] = ExpressionEncoder()
        // row.getValuesMap[T] retrieves multiple columns at once into a Map[String, T]
    teenagersDF.map(teenager => teenager.getValuesMap[Any](List("name", "age"))).collect()
        // Array(Map("name" ->"Justin", "age" -> 19))
        // $example off:schema_inferring$
    }
    private def runProgrammaticSchemaExample(spark: SparkSession): Unit = {
      import spark.implicits._
      // $example on:programmatic_schema$
      // Create an RDD
      val peopleRDD = spark.sparkContext.textFile("src/main/resources/people.txt")
      // The schema is encoded in a string
      val schemaString = "name age"
      // Generate the schema based on the string of schema
      val fields = schemaString.split("")
        .map(fieldName =>StructField(fieldName, StringType, nullable = true))
      val schema = StructType(fields)
      // Convert records of the RDD (people) to Rows
      val rowRDD = peopleRDD
        .map(_.split(","))
        .map(attributes => Row(attributes(0), attributes(1).trim))
      // Apply the schema to the RDD
      val peopleDF = spark.createDataFrame(rowRDD, schema)
      // Creates a temporary view using the DataFrame
    peopleDF.createOrReplaceTempView("people")
      // SQL can be run over a temporary view created using DataFrames
      val results = spark.sql("SELECT name FROM people")
      // The results of SQL queries are DataFrames and support all the normal RDD operations
      // The columns of a row in the result can be accessed by field index or by field name
      results.map(attributes =>"Name: " + attributes(0)).show()
      // +------------+
      // |       value|
      // +------------+
      // |Name: Michael|
      // |   Name: Andy|
      // | Name: Justin|
      // +------------+
      // $example off:programmatic_schema$
    }
    def offLog = {
      Logger.getLogger("org.apache.hadoop").setLevel(Level.WARN)
```

```
    Logger.getLogger("org.apache.spark").setLevel(Level.WARN)
    Logger.getLogger("org.eclipse.jetty.server").setLevel(Level.OFF)
    Logger.getLogger("org.spark_project").setLevel(Level.OFF)
  }
}
```

为了方便查看 IDEA 控制台的输出结果，本书在编程过程中加了以下函数，该函数的作用是关闭 Spark 框架本身的日志信息。

```
def offLog = {
  Logger.getLogger("org.apache.hadoop").setLevel(Level.WARN)
  Logger.getLogger("org.apache.spark").setLevel(Level.WARN)
  Logger.getLogger("org.eclipse.jetty.server").setLevel(Level.OFF)
  Logger.getLogger("org.spark_project").setLevel(Level.OFF)
}
```

此外，在 main 函数的第一行调用了此函数，并增加了 .master("local") 代码。.master("local") 代码的作用是让程序以本地模式运行，以方便查看运行结果，代码如图 3-21 所示。

图 3-21 关闭日志信息并以本地模式运行

由于读者还未对 Spark SQL 相关技术有所了解，因此本小节暂不对源码进行解释。

3.2.3 运行第一个 Spark SQL 应用程序

有了 Spark SQL 应用程序后，开发人员就可以运行它，并查看它的运行情况和执行结果，步骤如下。

1．在开发环境中运行 Spark SQL 应用程序

在 FirstSparkSQL 类的编辑器中单击鼠标右键，并在弹出的菜单中选择 Run' FirstSparkSQL'

运行 Spark SQL 程序，如图 3-22 所示。

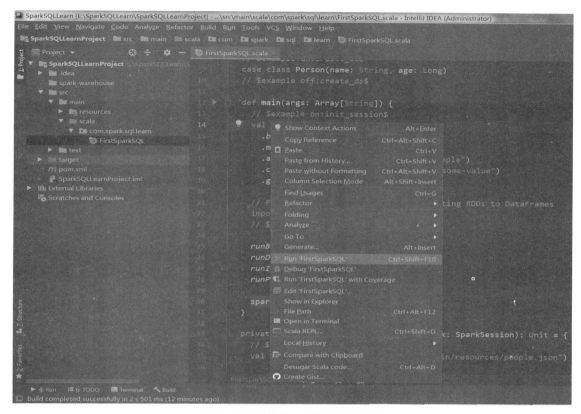

图 3-22　运行 Spark SQL 应用程序

2．使用浏览器查看运行情况

在运行 Spark SQL 应用程序的过程中，可以使用浏览器访问地址 http://127.0.0.1:4040/ 来查看应用程序的运行情况，如图 3-23 所示。

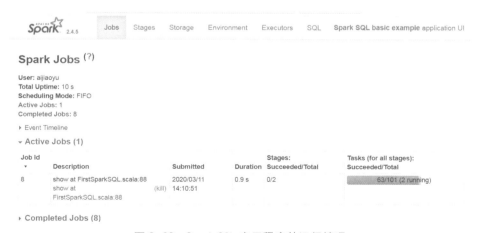

图 3-23　Spark SQL 应用程序的运行情况

3．查看 Spark SQL 各个 Stage（阶段）的运行情况

在界面中选择 Stages 菜单，可查看 Spark SQL 应用程序各个 Stage 的运行情况，如图 3-24 所示。

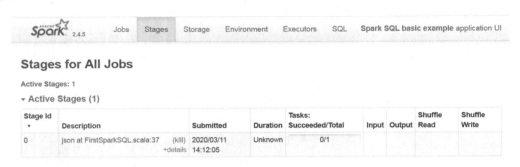

图 3-24　Spark SQL 应用程序各个 Stage 的运行情况

4．查看 Spark SQL 应用程序的运行参数

在界面中选择 Environment 菜单，可以查看当前 Spark SQL 应用程序的运行参数，如图 3-25 所示。

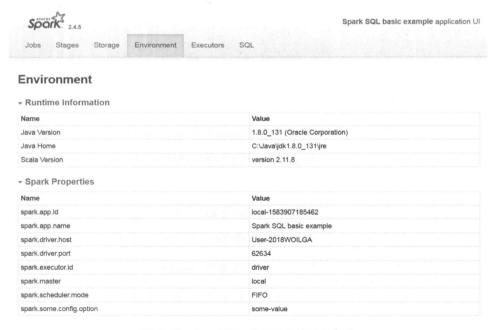

图 3-25　Spark SQL 应用程序的运行参数

5．查看 Spark SQL 应用程序运行时 Executor 的信息

在界面中选择 Executors 菜单，可以查看 Spark SQL 应用程序运行时 Executor 的信息，如图 3-26 所示。

图 3-26　Spark SQL 应用程序运行时 Executor（执行器）的信息

6．查看 Spark SQL 应用程序的 SQL 执行信息

在界面中选择 SQL 菜单，可以查看 Spark SQL 应用程序的 SQL 执行信息，如图 3-27 所示。

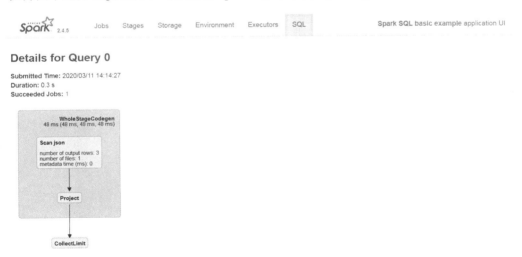

图 3-27　Spark SQL 应用程序的 SQL 执行信息

7．查看 Spark SQL 应用程序的运行结果

当 Spark SQL 应用程序运行结束后，IDEA 开发工具的控制台会输出最终的运行结果，如图 3-28 所示。

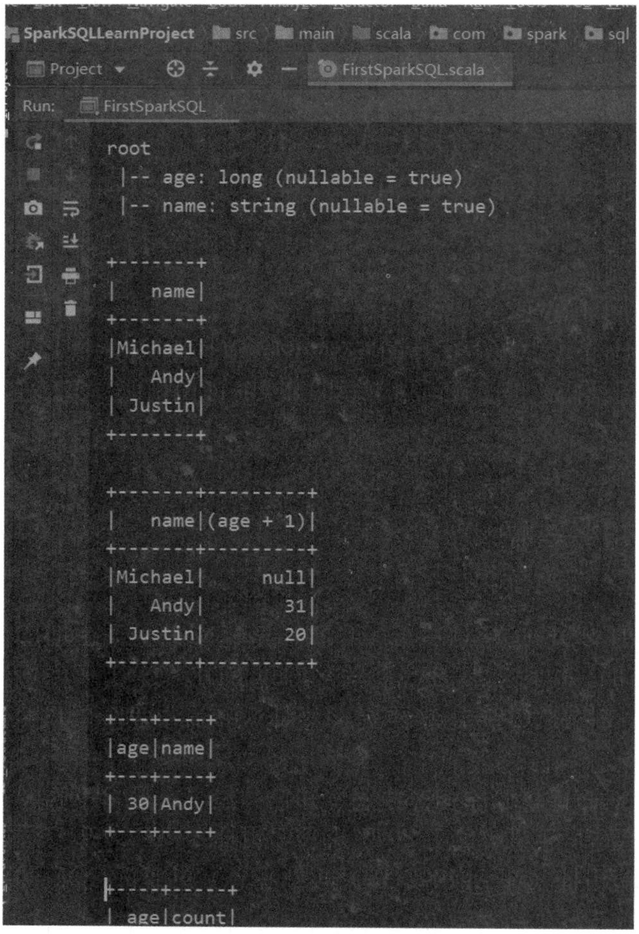

```
                SparkSQLLearnProject  src  main  scala  com  spark  sql
                 Project               FirstSparkSQL.scala
            Run:  FirstSparkSQL

                 root
                  |-- age: long (nullable = true)
                  |-- name: string (nullable = true)

                 +-------+
                 |   name|
                 +-------+
                 |Michael|
                 |   Andy|
                 | Justin|
                 +-------+

                 +-------+---------+
                 |   name|(age + 1)|
                 +-------+---------+
                 |Michael|     null|
                 |   Andy|       31|
                 | Justin|       20|
                 +-------+---------+

                 +---+----+
                 |age|name|
                 +---+----+
                 | 30|Andy|
                 +---+----+

                 +---+-----+
                 |age|count|
```

图 3-28　Spark SQL 应用程序的运行结果

完整运行结果如下。

```
+----+-------+
| age|   name|
+----+-------+
|null|Michael|
|  30|   Andy|
|  19| Justin|
+----+-------+

root
 |-- age: long (nullable = true)
 |-- name: string (nullable = true)


+-------+
|   name|
+-------+
|Michael|
```

```
|   Andy|
| Justin|
+-------+

+-------+---------+
|   name|(age + 1)|
+-------+---------+
|Michael|     null|
|   Andy|       31|
| Justin|       20|
+-------+---------+

+---+----+
|age|name|
+---+----+
| 30|Andy|
+---+----+

+----+-----+
| age|count|
+----+-----+
|  19|    1|
|null|    1|
|  30|    1|
+----+-----+

+----+-------+
| age|   name|
+----+-------+
|null|Michael|
|  30|   Andy|
|  19| Justin|
+----+-------+

+----+-------+
| age|   name|
+----+-------+
|null|Michael|
|  30|   Andy|
|  19| Justin|
+----+-------+

+----+-------+
| age|   name|
+----+-------+
|null|Michael|
|  30|   Andy|
|  19| Justin|
+----+-------+
```

```
+----+---+
|name|age|
+----+---+
|Andy| 32|
+----+---+

+----+-------+
| age|   name|
+----+-------+
|null|Michael|
|  30|   Andy|
|  19| Justin|
+----+-------+

+------------+
|       value|
+------------+
|Name: Justin|
+------------+

+------------+
|       value|
+------------+
|Name: Justin|
+------------+

+-------------+
|        value|
+-------------+
|Name: Michael|
|   Name: Andy|
| Name: Justin|
+-------------+
```

至此，完成第一个 Spark SQL 应用程序的编写与运行。

小　　结

通过本章的学习，读者应该能够自己搭建 Spark 的开发环境，并熟悉了 Spark SQL 程序的开发流程。下一章将带领读者深入 Spark 的核心，为后续 Spark SQL 编程奠定基础。

习　　题

（1）搭建 Spark SQL 开发 IDEA 环境。
（2）参照本章实例编写一个 Spark SQL 应用程序。
（3）在编程完成之后，运行编写的 Spark SQL 应用程序。

第 4 章 Spark SQL 编程基础

> 学习目标

（1）了解 RDD 模型。
（2）了解 Spark SQL 的专业术语。
（3）了解 Spark SQL 的运行流程及架构。
（4）了解 Spark SQL 的核心原理。

4.1 RDD 概述

RDD 是一个懒执行的、不可变的、可以支持 Lambda 表达式的并行数据集合，其 API 的人性化程度很高。它是一个 JVM 驻内存对象，这也就决定了存在垃圾回收（Garbage Collection，GC）的限制，且数据增加时 Java 序列化成本会升高。它是从 Hadoop 文件系统（或任何其他支持 Hadoop 的文件系统）中的文件或其他数据源开始创建的，并可通过 Transformation 方法进行转换。用户还可能要求 Spark 在内存中持久化 RDD，从而允许在并行操作过程中高效地重用 RDD，最终通过 Action 方法进行输出。运行过程中，RDD 还能够自动从节点故障中恢复。

在高级 Spark 应用中，程序都是由一个 Driver（驱动）程序组成的，并在集群上执行各种并行操作。

4.1.1 RDD 的优缺点

1. RDD 的优点

（1）编译时类型安全。
RDD 在 Spark 的开发期间会进行类型的检查。
（2）具有面向对象编程的风格。
RDD 可以通过对象调用方法。

2. RDD 的缺点

（1）数据序列化效率低。

数据序列化和反序列化性能开销很大，数据在进行网络传输的时候，先要进行序列化，后续又要进行反序列化。

（2）GC（Garbage Collection，垃圾回收）问题。

多次进行 RDD 对象的操作会频繁地产生对象，因而带来严重的 GC 问题，而垃圾回收器在进行垃圾回收时，其他进程都会暂停。

4.1.2 RDD 模型介绍

1．设计初衷

RDD 模型的设计初衷主要是为了解决运行效率、广泛性、容错性等问题，下面将逐一阐述这些问题。

（1）运行效率。

在 Spark 之前，Hadoop 的 MapReduce 计算框架并没有充分利用分布式内存，计算的中间结果需要借助外部存储系统，运行效率相对低下。而 RDD 模型是内存迭代计算，中间结果并不需要持久化，对于 RDD 的持久化机制，可以将中间结果保存并重复使用。所以对于需要进行迭代式计算的应用，如机器学习和交互式挖掘系统，可以大幅度提升运行效率。而 Spark 计算速度快还有一方面原因是基于 RDD 依赖设计的延迟调度机制。

（2）广泛性。

MapReduce 计算框架只支持 Map 和 Reduce 有限的计算种类。而 Spark 更加通用，支持广泛多样的计算种类，如 map、filter、flatMap 等，并且可以任意组合它们。

（3）容错性。

RDD 是不可变的。使用粗粒度的 Transformations 转换函数，如 map、filter 等，可以将它们作用到该 RDD 下的多个分区上。这些分区数据变换后将产生新的分区，而这些新的分区将组成新的 RDD。因此，对一个 RDD 进行转换操作，将会产生新的 RDD 而不是在原有 RDD 上修改。

当开发人员对 RDD 不断地进行相应函数的操作时，会不断地形成新的 RDD，而这些 RDD 都是有依赖（父子）关系的。例如，一个 RDD 经过 map 函数转换后形成一个新的 RDD1，可以称 RDD1 依赖于 RDD。这些 RDD 相关的所有转换函数及依赖关系形成了 RDD 的血统，而 Spark 可以根据 RDD 的血统实现高效的容错。例如，子 RDD 的数据丢失时，可以根据其父 RDD 进行恢复。

2．特性

RDD 具备不可变、高容错、分区、持久、分区算法等特性，下面将分别介绍这些特性。

（1）不可变。

对 RDD 进行的相关转换操作都不是修改 RDD 本身，而是会形成新的 RDD。

（2）高容错。

可以基于 RDD 的血统实现高容错。

（3）分区。

RDD 的数据都是分区存储的，而基于 RDD 的分布式计算是作用于分区上的，所以 RDD

的最小存储和计算粒度都是分区。

（4）持久。

因为在对 RDD 不断转换的过程中会形成新的 RDD，而有些 RDD 可能会重复使用，所以重复使用的 RDD 数据都会根据依赖关系形成不同的 JOB（作业）。也就是说，一个重复使用的 RDD 会隶属于不同的 JOB。对于不同的 JOB，重复使用的 RDD 的数据会被重复计算。为了优化执行效率，Spark 允许用户将重复使用的 RDD 进行持久化到内存或磁盘，以便重复使用，避免重复计算，从而提升执行效率。

（5）分区算法。

某些时候，用户可以定义分区器来决定数据如何分散到 RDD 分区中，从而优化计算。例如，需要 join 的两个 RDD 可以采用相同的分区器来减少 Shuffle，以达到优化计算效率的目的。

3．血统和依赖

Spark 会根据 JOB 的最后一个 RDD 的所有依赖关系记录产生它的所有转换函数，而这些信息就是 RDD 的血统信息。

Spark 基于 RDD 血统信息可以重新计算 RDD 丢失的分区数据，而不用重新计算整个 RDD。血统信息来源于依赖关系，而 RDD 的依赖分为两类：窄依赖和宽依赖。DAG 根据依赖类型拆分 Stage。至于窄依赖、宽依赖及拆分算法，本书后面会讲解。

4.2　深入剖析 RDD

Spark 的几大高级组件（如 Spark SQL）允许开发人员通过 SQL 的形式来对数据进行处理和分析，它们的底层实际上都依赖于 Spark 的核心组件 Spark Core。这些组件都是 Spark Core 的高级封装，当读者对底层核心的相关原理熟知后，再去掌握 Spark 的几大高级组件会非常轻松。

RDD 是底层核心 Spark Core 中最重要的构件之一，Spark SQL 的计算都是围绕 Spark Core 中的 RDD 开展的，所以读者有必要深入剖析 RDD。为了能够更好地掌握 RDD 的原理，读者需要对 Spark SQL 底层有一定的认知，因此本书将在下面的内容中对 RDD 进行深入剖析。

4.2.1　Spark 相关专业术语定义

1．Application

Application（应用程序）指的是用户编写的 Spark 应用程序，包含了 Driver（驱动）功能的代码和分布在集群中多个节点上运行的 Executor（执行器）代码。Spark 应用程序由一个或多个 JOB 组成，如图 4-1 所示。

2．Driver

Spark 中的 Driver 运行上述 Application 的 main 函数并且创建 SparkContext，其中创建

SparkContext 的目的是准备 Spark 应用程序的运行环境。

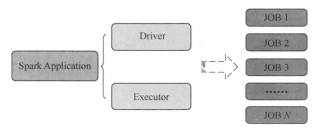

图 4-1　Application

在 Spark 中，由 SparkContext 负责和 Cluster Manager（集群管理器）通信，它可以进行资源的申请、任务的分配和监控等。当 Executor 运行完毕后，Driver 负责将 SparkContext 关闭，通常用 SparkContext 代表 Driver，如图 4-2 所示。

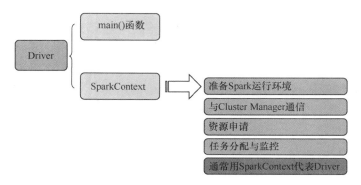

图 4-2　Driver

3．Cluster Manager

Cluster Manager 用于与外部资源服务通信，从而在集群上获取资源，常用的外部资源服务如下。

① Standalone：Spark 原生的资源管理，由 Master 负责资源的分配。
② Hadoop Yarn：由 Yarn 中的 Resource Manager（资源管理器）负责资源的分配。
③ Mesos：由 Mesos 中的 Mesos Master 负责资源管理。
Cluster Manager 如图 4-3 所示。

4．Executor

Executor 是 Application 运行在 Worker 节点上的一个进程。该进程负责运行 Task，并且负责将数据存在内存或者磁盘上。每个 Application 都有各自独立的一批 Executor，如图 4-4 所示。

可以看到，Driver 中的 SparkContext 通过集群管理器与外部资源服务通信，图 4-4 中的外部资源服务为 Standalone。在该资源服务下，运行计算的任务在 Worker 的 Executor 中，每个 Executor 都有一个缓冲区 Cache。

第 4 章 Spark SQL 编程基础

图 4-3 Cluster Manager

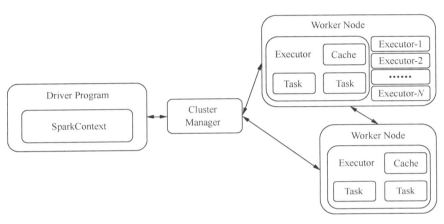

图 4-4 Executor

5. Worker

Worker（计算）节点是指在集群中任何可以运行 Application 代码的节点，类似于 Yarn 中的 Node Manager 节点。在 Standalone 模式中指的就是通过 Slave（从节点）文件配置的 Worker 节点，在 On Yarn 模式中指的就是 Node Manager 节点，如图 4-5 所示。

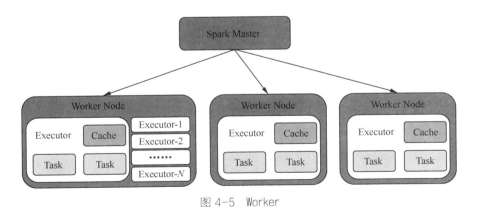

图 4-5 Worker

6. RDD

RDD 是 Spark 提出的一个抽象，是跨集群节点分区的元素集合。它可以通过一系列算子进行并行操作，主要分为 Create RDD（创建）、Transformations（转换）、Controls（控制）和 Actions（行动）操作，如图 4-6 所示。

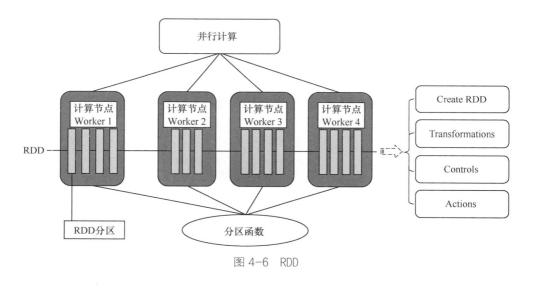

图 4-6　RDD

7．分区/分片

RDD 是由一组分区构成的。每个分区分布在集群中的各个 Worker 中，包含 RDD 的部分数据。一个分区由一个计算任务处理，所以分布式计算的最小粒度不是 RDD 而是该 RDD 的分区。开发人员在创建 RDD 时可以指定它的分区数，如果没有指定，则使用默认值，这个值是程序所分配到的 CPU Core（CPU 核）的数目。

8．分区函数

分区函数实际就是用于计算每个分区内的数据的函数。该函数的本质就是运用 RDD 的方法，具体计算逻辑由开发人员编写的函数的内部逻辑决定。通常把分区函数操作分为 4 类，分别是创建 RDD 操作、Transformations（转换）操作、Controls（控制）操作及 Actions（行动）操作，每一类都有多个相关的函数。

9．RDD 依赖

一个 RDD 产生于创建操作。由于 RDD 是不可变的，因此对 RDD 内部数据进行转换操作（如 map 转换操作）后都会形成一个新的 RDD。而在对 RDD 的不断操作中，每次都会生成一个新的 RDD，因此这些 RDD 就会形成一个 DAG 的依赖关系网。如果在计算时某个分区数据丢失，Spark 可以通过这个依赖关系找到父 RDD 来重新计算出丢失的分区数据。

10．Partitioner

Partitioner（分区器）是 RDD 的分区器。Spark 中有两类分区器，一个是 HashPartitioner（基于哈希算法的分区器），另一个是 RangePartitioner（基于范围的分区器）。分区器的作用是在数据 Shuffle 过程中,决定 RDD 的数据该如何分布到各个分区中。但只有键值对型的 RDD 才有 Partitioner。

11．窄依赖

父 RDD 的每一个分区最多被一个子 RDD 的分区所用,表现为一个父 RDD 的分区对应于一个子 RDD 的分区,或两个父 RDD 的分区对应于一个子 RDD 的分区,如图 4-7 所示。

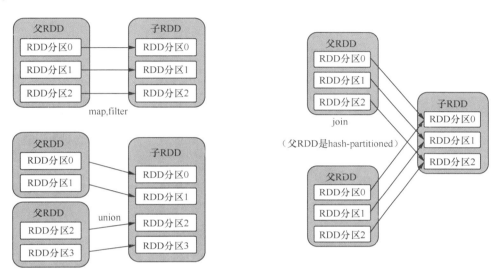

图 4-7 窄依赖

图 4-7 中列举了几种窄依赖的情形。例如,对一个 RDD 使用 map 和 filter 函数转换时,会形成新的子 RDD,在窄依赖中,子 RDD 的分区数和父 RDD 的分区总数是一致的。

12．宽依赖

父 RDD 的每个分区都可能被多个子 RDD 分区所使用,子 RDD 分区通常对应所有的父 RDD 分区,如图 4-8 所示。

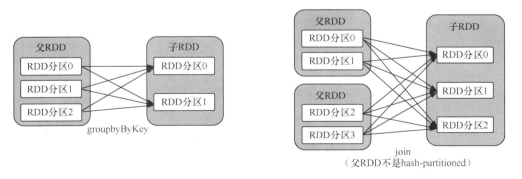

图 4-8 宽依赖

图 4-8 中列举了几种宽依赖的情形,可以看到子 RDD 的分区数据来源于父 RDD 的多个

分区。因为 RDD 的分区都是分散到集群中的，所以一个子 RDD 的分区会从其他节点上的分区获取数据，该过程中会有 Shuffle 操作。

13. DAG

DAG 可以反映 RDD 之间的依赖关系，如图 4-9 所示。

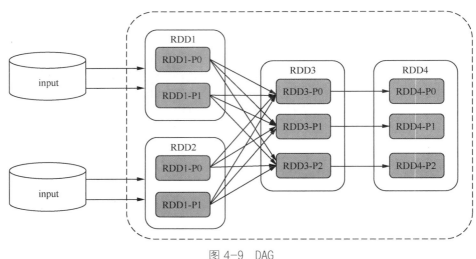

图 4-9　DAG

通过图 4-9 可以看出，input 是数据来源。通过 input，数据产生了两个 RDD（RDD1 和 RDD2），通过相应的转换函数又产生了 RDD3，接着产生了 RDD4。这种从数据输入到形成最后的 RDD4 的过程可以看作一个有方向且有始有终的依赖关系网，而这种关系网称为 DAG。

14. DAGScheduler

DAGScheduler（有向无环图调度器）基于 DAG 划分 Stage 并以 TaskSet（任务集）的形式提交 Stage 给 TaskScheduler（任务调度器）。DAGScheduler 负责将作业拆分成不同阶段的具有依赖关系的多批任务，最重要的任务之一就是计算作业和任务的依赖关系，以制订调度逻辑。

DAGScheduler 在 SparkContext 初始化的过程中被实例化，一个 SparkContext 对应创建一个 DAGScheduler，如图 4-10 所示。

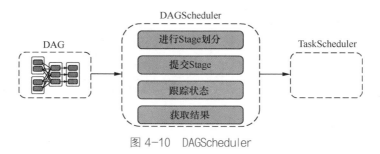

图 4-10　DAGScheduler

从图 4-10 可以了解到,当 SparkContext 根据依赖关系网形成 DAG 后,将由内部的 DAGScheduler 负责对 DAG 进行分解,拆分成一至多个调度 Stage,并将 Stage 转换为一组 Task,而这一组 Task 被封装为一个 TaskSet 并提交给 TaskScheduler。提交后,DAGScheduler 需要跟踪这个 Stage 的 TaskSet 中 Task 的运行状态,等到这个 Stage 的 Task 执行完毕后,会继续提交下一个 Stage 的 Task 并最终获取计算结果。

15. TaskScheduler

当 TaskScheduler(任务调度器)从 DAGScheduler 获取到提交的 TaskSet 后,TaskScheduler 将 TaskSet 提交给集群运行并汇报运行结果,如图 4-11 所示。

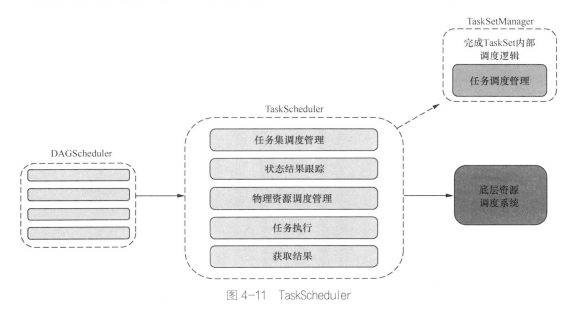

图 4-11 TaskScheduler

图 4-11 展示了 TaskScheduler 内部的执行细节,一旦 TaskScheduler 接收到 TaskSet(某个 Stage 的一批 Task),会把 TaskSet 封装成 TaskSetManager(任务集管理器)。

TaskSetManager 的作用主要是对这个 TaskSet 中的一批 Task 进行调度,因为一个 Stage 中的所有 Task 也可能出现依赖情况,某些 Task 可能先执行,某些 Task 可能后执行,当然也可能部分 Task 并行执行。

即使一个 TaskSet 中的所有 Task 可以并行执行,也不一定所有 Task 都能够同时执行,因为每次并行执行的 Task 的数量受外部资源的限制。

16. JOB

JOB 是由一个或多个调度阶段所组成的一次计算作业,包含由多个 Task 组成的并行计算。它往往由 Action 操作产生,一个 JOB 包含多个 RDD 及作用于相应 RDD 上的各种 Operation(操作),如图 4-12 所示。

一个 Application 可以包含多个 JOB,而 JOB 的个数取决于 RDD 的 Action 函数的个数。也就是说,一个 JOB 是由一个 Action 方法触发的。每个 JOB 都由一个或多个 Stage

构成，每个 Stage 对应为一个 TaskSet，每个 TaskSet 包含这个 Stage 的一批 Task。

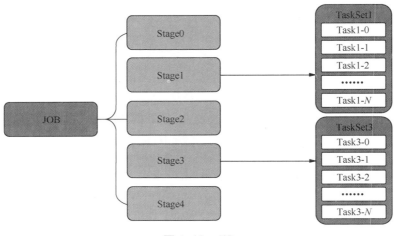

图 4-12　JOB

17．Stage

一个 TaskSet 对应一个调度阶段，每个 JOB 会被拆分成很多组的 Task，每组 Task 被称为 Stage，也可称为 TaskSet。一个 JOB 分为多个 Stage，而 Stage 分为 ShuffleMapStage、ResultStage 两种类型，如图 4-13 所示。

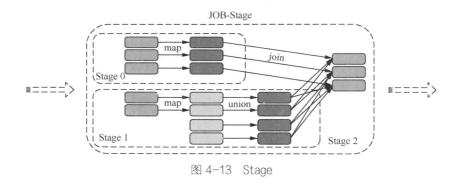

图 4-13　Stage

18．TaskSet

TaskSet 是由一组关联的但相互之间没有 Shuffle 依赖关系的 Task 所组成的任务集。

每个 Stage 的 Task 个数取决于该 Stage 中 RDD 分区的分区数，Stage 将这些 Task 封装成 TaskSet，因此也可以理解为一个 Stage 创建一个 TaskSet，如图 4-14 所示。

19．Task

Task 是指被分发到某个 Executor 上的工作任务，是单个分区数据集上的最小处理流程单元，如图 4-15 所示。

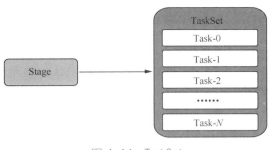

图 4-14　TaskSet　　　　　　　　图 4-15　Task

4.2.2　Spark Application 的构成

在 4.2.1 小节中，读者知道了 Spark 中的一些术语定义、作用及它们的关系，那么一个 Spark Application（Spark 应用程序）到底是怎么构成的呢？

实际上，一个 Spark Application 可以运行多个 JOB。每个 JOB 运行时，Spark Application 中的 Driver 会根据代码中的 RDD 的依赖关系构建 DAG，并通过 DAGScheduler 对其进行解析，然后划分成多个 Stage。每一个 Stage 都会转换成 TaskSet 并提交给 TaskSecheduler，而每个 TaskSet 都包含一或多个 Task。一个 Spark Application 虽然可能有多个 JOB，但是 Driver 只会有一个。

综上所述，一个 Spark Application 只有一个 Driver，但可能运行多个 JOB，每个 JOB 都对应一个 DAG，而这个 DAG 是由这个 JOB 的相关 RDD 的依赖关系所构成的。一个 DAG 包含多个 Stage，一个 Stage 对应一个 TaskSet，每个 TaskSet 包含多个 Task，如图 4-16 所示。

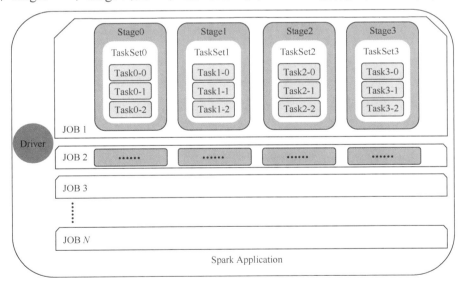

图 4-16　Spark Application 的构成

4.2.3　Spark 运行的基本流程

Spark Application 运行 JOB 时，首先会通过 Driver（通常用 SparkContext 代指 Driver）构建运行环境。接着 SparkContext 向资源管理器注册，注册成功后，SparkContext 申请在集群中运行 Executor。资源管理器接收到申请后，会在集群中分配 Executor 并启动。Executor 启动后会向资源管理器发送心跳,汇报资源使用情况,资源管理器通过心跳监控资源使用情况。此时,SparkContext 开始将 JOB 中的 RDD 的依赖关系构建成 DAG,并通过 DAGScheduler 分解成 Stage,转换成 TaskSet 后提交给 TaskScheduler。Executor 向 Driver 注册并申请 Task 运行。TaskScheduler 将 TaskSet 封装成 TaskSetManager 后,通过调度器将 TaskSet 中的 Task 提交给相应的 Executor 执行。在 Executor 执行过程中,TaskScheduler 将监控 Task 的运行情况。如果有 Task 失败,将重新提交 Task,当该 TaskSet 执行完后,继续提交下一个 Stage 形成的 TaskSet 中的 Task 到 Executor 中执行,直到所有 Stage 的 Task 完成,运行完成后释放所有资源。Spark 运行的基本流程如图 4-17 所示。

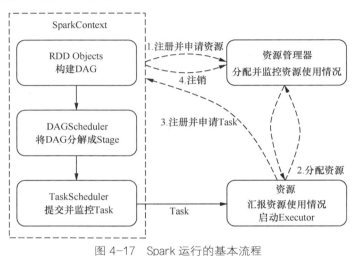

图 4-17　Spark 运行的基本流程

4.2.4　Spark 运行架构的特点

1. 专属 Executor 进程

每个 Application 获取专属的 Executor 进程,该进程在 Application 期间一直驻留,并以多线程方式运行 Task。Spark Application 不能跨应用程序共享数据,除非将数据写入外部存储系统,如图 4-18 所示。

2. 支持多种资源管理器

Spark 与资源管理器无关,只要能够获取 Executor 进程,并能保持相互通信就可以了。Spark 支持多种资源管理器(运行模式),如 Standalone、On Yarn、On Mesos 或 On EC2 等,如图 4-19 所示。

3. JOB 就近提交原则

提交 SparkContext 的 Client(客户端)应该靠近 Worker 节点(运行 Executor 的节点),并且最好是在同一个 Rack(机架)里。因为在 Spark Application 运行过程中,SparkContext 和 Executor 之间有大量的信息在进行交换。因此,建议不要远离 Worker 节点运行 SparkContext,如图 4-20 所示。

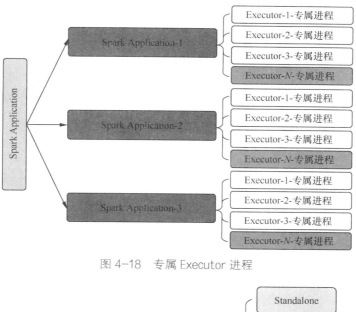

图 4-18　专属 Executor 进程

图 4-19　多种资源管理器

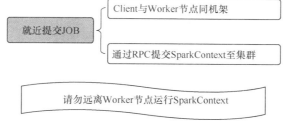

图 4-20　JOB 就近提交原则

4．移动程序而非移动数据原则

Task 采用了数据本地性和推测执行的优化机制，该机制主要是通过 Spark 底层关键方法（即本地化计算关键方法）taskIdToLocations 和 getPreferedLocations 方法来实现的，如图 4-21 所示。

图 4-21　本地化计算关键方法

4.2.5 Spark 核心原理

1．计算流程

从图 4-22 中可以看出 Spark Application 底层的整个计算流程，其具体流程如下。

（1）运行时，Spark 会初始化环境，当向资源管理器请求资源成功后，Driver 会基于 RDD 的依赖关系构建 DAG。

（2）接着 DAGScheduler 会对 DAG 进行分解，将 DAG 拆分成多个有依赖关系的 Stage。

（3）DAGScheduler 将拆分后的 Stage 形成 TaskSet 并提交给 TaskScheduler。

（4）TaskScheduler 将 TaskSet 中的 Task 提交给 Executor 执行，并跟踪结果。

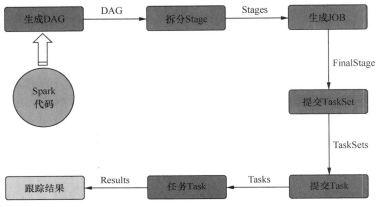

图 4-22　Spark 分布式计算流程

2．从代码构建 DAG

代码是如何形成 DAG 的呢？假设编写的 Spark 代码如下。

```
val lines1 = sc.textFile(inputPath1).map(...)).map(...)
val lines2 = sc.textFile(inputPath2).map(...)
val lines3 = sc.textFile(inputPath3)
val RDD1 = lines2.union(lines3)
val RDD = lines1.join(RDD1)
dtinone.saveAsTextFile(...)
dtinone.filter(...).foreach(...)
```

通过上述代码可以发现，Spark 通过 textFile 方法读取某个路径下的文件作为输入源，然后形成 RDD，且在代码中使用该方法创建了 3 个 RDD。每个构建的 RDD 再通过 map 方法将对其内部的数据进行转换，可以看到，lines1 是第一个 RDD 经过两次 map 转换后形成的 RDD，而 lines2 则是第二个 RDD 经过一次 map 转换后形成的 RDD，lines3 是并没有经过转换的第三个 RDD。

第二个 RDD 通过 union 方法将第三个 RDD 的数据合并，形成名为 RDD1 的 RDD。最后将第一个 RDD 与 RDD1 关联，得到名为 RDD 的 RDD。

最后这个 RDD 先是通过 saveAsTextFile 方法将数据输出到指定文本文件中，然后通过

filter 方法将最终 RDD 的数据过滤再迭代。

 saveAsTextFile 和 foreach 方法是 Action 方法。对 Spark Application 来说，一个应用程序有多少个 JOB 取决于有多少个 Action 方法，因为 JOB 是由 Action 方法触发的。

以上的代码运行时构建的 DAG 如图 4-23 所示。

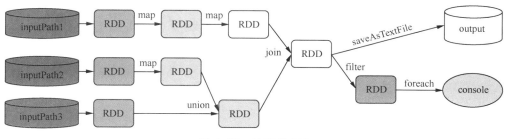

图 4-23　构建的 DAG

Spark 的计算发生在 RDD 的 Action 操作后，对于 Action 操作之前的所有 Transformation（转换）操作，Spark 只是记录下 RDD 生成的轨迹，并不会触发真正的计算。

Spark 内核会在需要计算发生的时候绘制一张关于计算路径的 DAG。

3．DAG 划分 Stage 核心算法

（1）Spark Application→多个 JOB→多个 Stage。

Spark Application 中可以因为不同的 Action 操作触发众多的 JOB，一个 Spark Application 中可以有很多个 JOB，每个 JOB 是由一个或者多个 Stage 构成的，后面的 Stage 依赖于前面的 Stage。也就是说，只有前面依赖的 Stage 计算完毕后，后面的 Stage 才会运行。

（2）划分依据。

Stage 划分的依据就是宽依赖，reduceByKey、groupByKey 等算子会导致宽依赖的产生。

（3）核心算法。

从后往前回溯，遇到窄依赖加入本 Stage，遇见宽依赖进行 Stage 划分。

Spark 内核会从触发 Action 操作的那个 RDD 开始从后往前推，首先会为最后一个 RDD 创建一个 Stage。然后继续倒推，如果发现和父 RDD 是宽依赖，那么就会为宽依赖的父 RDD 创建一个新的 Stage，而这个 RDD 就是新的 Stage 的最后一个 RDD。然后继续倒推，根据窄依赖或者宽依赖进行 Stage 的划分，直到所有的 RDD 全部遍历完成为止。

4．DAG 划分 Stage 剖析

图 4-24 所示的是从 HDFS 中读入数据生成 3 个不同的 RDD，通过一系列 Transformation 操作后再将计算结果保存回 HDFS 的 DAG 的 Stage 划分。这个 DAG 中只有 join 操作是一个宽依赖，Spark 内核会以此为边界将其前后划分成不同的 Stage。在 Stage2 中，从 map 到 union 都是窄依赖，这两步操作可以形成一个流水线操作，通过 map 操作生成的 partition 可以不用

等待整个 RDD 计算结束，而继续进行 union 操作，这样大大提高了计算的效率，如图 4-24 所示。

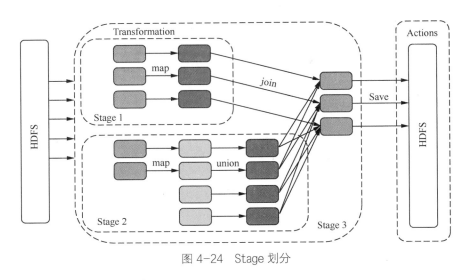

图 4-24　Stage 划分

5．Stage 调度

在 DAGScheduler 将 DAG 拆分成多个 Stage 后，会通过依赖关系依次提交 Stage，最后提交的 Stage 会被转换成一个 TaskSet。DAGScheduler 通过 TaskScheduler 接口提交 TaskSet，这个 TaskSet 最终会触发 TaskScheduler 构建一个 TaskSetManager 的实例来管理这个 TaskSet 的生命周期。对 DAGScheduler 来说，提交调度 Stage 的工作到此就完成了。而 TaskScheduler 的具体实现则会在得到计算资源的时候，进一步通过 TaskSetManager 调度具体的 Task 到对应的 Executor 节点上进行运算，如图 4-25 所示。

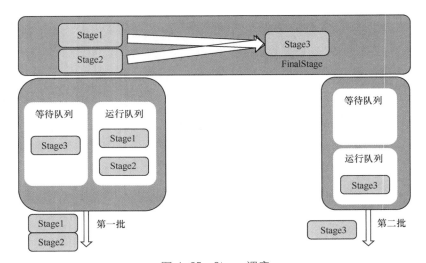

图 4-25　Stage 调度

6. 监控

（1）DAGScheduler 监控作业与任务。

要保证相互依赖的作业调度阶段能够顺利地调度执行，DAGScheduler 需要监控当前作业调度阶段乃至任务的完成情况。这通过 TaskScheduler 对外暴露一系列的回调函数来实现，这些回调函数主要包括任务的开始、结束，以及任务集的失败。DAGScheduler 根据这些任务的生命周期信息进一步维护作业和调度阶段的状态信息。

（2）DAGScheduler 监控 Executor 的生命状态。

TaskScheduler 通过回调函数通知 DAGScheduler 具体的 Executor 的生命状态，如果某一个 Executor 崩溃了，则对应的调度阶段任务集的 ShuffleMapTask 的输出结果也将标志为不可用。这将导致对应任务集状态的变更，进而重新执行相关计算任务，以获取丢失的相关数据。

7. 获取任务执行结果

（1）结果→DAGScheduler。

一个具体的任务在 Executor 中执行完毕后，其结果需要以某种形式返回给 DAGScheduler。根据任务类型的不同，任务结果的返回方式也不同。

（2）两种结果：中间结果与最终结果。

对于 FinalStage（最后一个 Stage）所对应的任务，返回给 DAGScheduler 的是运算结果本身；而对于中间调度阶段（除最后一个 Stage 外的其他 Stage）对应的任务 ShuffleMapTask，返回给 DAGScheduler 的是一个 MapStatus 里的相关存储信息，而非结果本身，这些存储信息将作为下一个调度阶段的任务获取输入数据的依据。

（3）两种类型：DirectTaskResult 与 IndirectTaskResult。

根据任务结果大小的不同，ResultTask 返回的结果又分为两类。如果结果足够小，则直接放在 DirectTaskResult 对象中。如果超过特定尺寸，则在 Executor 端会将 DirectTaskResult 先序列化，再把序列化的结果作为一个数据块存放在 BlockManager（数据块管理器）中；此时 BlockManager 会返回 BlockID，以便后续可以通过它找到对应的数据，而该 BlockID 将会放在 IndirectTaskResult 对象中返回给 TaskScheduler，TaskScheduler 进而调用 TaskResultGetter 将 IndirectTaskResult 中的 BlockID 取出并通过 BlockManager 最终取得对应的 DirectTaskResult。

8. 任务调度总体诠释

从任务调度的流程来看，首先在 Driver 中，SparkContext 会根据 RDD 相关的操作触发一或多个 JOB。

这些 JOB 被提交给内部的 DAGScheduler 构建 DAG 和划分 Stage，最后形成一或多个任务集并按依赖关系依次提交给 TaskScheduler。

TaskScheduler 将 TaskSet 封装成 TaskSetManager 进行调度管理，提交 Task 到资源管理器执行，在此过程中对任务状态的结果进行跟踪，并将跟踪的结果汇报给 DAGScheduler。

DAGScheduler 根据结果进行相应的处理，如提交下一个 Stage 的 TaskSet，具体调度流程如图 4-26 所示。

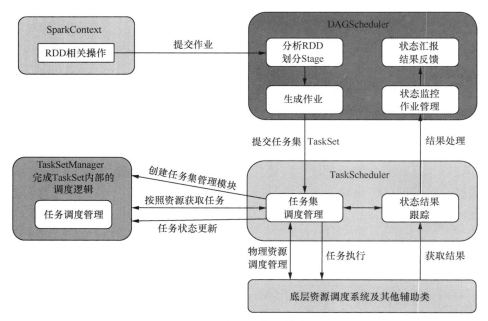

图 4-26　任务调度总体诠释

4.3　创建 RDD

RDD 都是基于各种数据源产生的，这类函数称为创建 RDD 函数。创建 RDD 函数又分为以下几类。

1. 基于一个已经存在的 Scala 集合

（1）parallelize。

该函数能够基于一个已经存在的 Scala 集合，将其复制后创建出一个可以并行操作的分布式数据集 RDD，函数的定义如下。

```
parallelize[T: ClassTag](
  seq: Seq[T],
  numSlices: Int = defaultParallelism): RDD[T]
```

该函数的第一个参数接收一个 Scala 集合（序列）；第二个参数是可选的，用于指定创建的 RDD 的分区数。如果未指定分区数，则使用默认值，默认值一般为应用程序使用的 CPU 核数。

（2）makeRDD。

makeRDD 函数的用法和 parallelize 函数类似，不过该函数可以指定每一个分区的首选位置。该函数有两个定义，如下。

```
makeRDD[T: ClassTag](
    seq: Seq[T],
```

```
        numSlices: Int = defaultParallelism): RDD[T]
makeRDD[T: ClassTag](seq: Seq[(T, Seq[String])]): RDD[T]
```

对于第一种函数定义,其参数和 parallelize 函数类似。

在第二种函数定义中,只接收一个参数,该参数包含相应的数据和对应的分区首选位置。分区首选位置可以决定这条数据首选放在哪个分区,每条数据可以指定一组分区首选位置。

2. 基于文本文件创建

(1) textFile。

该函数能够基于一个文件创建一个 RDD,也能够基于一个目录的所有文件创建一个 RDD。它会将文件中的每一行作为 RDD 的一个元素。该函数的定义如下。

```
textFile(
        path: String,
        minPartitions: Int = defaultMinPartitions): RDD[String]
```

该函数接收两个参数,第一个参数是字符串的文件路径参数,如果指定到文件,则只读取该文件内的数据;如果指定的是一个目录,则会把该目录下的所有文件内的数据加载到 RDD 中。

第二个参数是用来指定 RDD 最小分区数的。为什么是最小呢?是因为分区数至少要是文件块数(因为一个文件至少为一个块,实际分区数和文件块数是对应的)。如果指定的最小分区数小于文件块数,则以文件块数作为分区数;如果最小分区数大于文件块数,则以指定的最小分区数作为实际的分区数。

(2) wholeTextFiles。

使用 wholeTextFiles 函数可以读取指定目录下的所有文件,但是 textFile 函数也可以读取目录下的所有文件。那么这两个函数有什么区别呢?首先看 wholeTextFiles 函数的定义。

```
wholeTextFiles(
        path: String,
        minPartitions: Int = defaultMinPartitions): RDD[(String, String)]
```

这个函数和 textFile 函数一样,也接收两个相同的参数,但它们的返回值不同。

wholeTextFiles 函数返回的是 KV(键值对)型 RDD,也就是说 wholeTextFiles 函数返回的 RDD 中的每一条数据都有 Key 和 Value。

这个 Key 和 Value 分别是什么呢?其实 textFile 函数返回的 RDD 的每一条数据实际是文本的一行数据,而 wholeTextFiles 函数中数据的 Key 是指目录下包含路径的文件名;Value 是指整个文件的数据,而不是一行数据。

3. 基于 HDFS 文件创建

基于 HDFS 文件创建 RDD 同样可以使用上述的 textFile 和 wholeTextFiles 函数创建,只需要把 path 文件目录指定为 HDFS 路径。

(1) sequenceFile。

sequenceFile 函数是 Hadoop API 提供的一种二进制文件支持。这种二进制文件直接将键值对序列化到文件中。如果要从 HDFS 中读取 sequenceFile 文件则可以使用该函数,它的定义如下。

```
sequenceFile[K, V]
  (path: String, minPartitions: Int = defaultMinPartitions)
  (implicit km: ClassTag[K], vm: ClassTag[V],
  kcf: () =>WritableConverter[K], vcf: () =>WritableConverter[V]): RDD[(K, V)]
```

这个函数的定义很复杂，读者只需要关心它的 path 和 minPartitions 参数。

这两个参数的含义和之前 textFile 函数一致，不过需要注意的是，这个函数读取的是 Sequence 格式的二进制文件。

（2）newAPIHadoopFile。

使用 newAPIHadoopFile 函数可以从 HDFS 中加载 Hadoop 文件，该函数属于通用底层函数，所以用该函数同样可以读取文本文件和 sequenceFile 文件。它有两个定义，如下所示。

```
APIHadoopFile[K, V, F <: NewInputFormat[K, V]]
      (path: String)
      (implicit km: ClassTag[K], vm: ClassTag[V], fm: ClassTag[F]): RDD[(K, V)]

newAPIHadoopFile[K, V, F <: NewInputFormat[K, V]](
      path: String,
      fClass: Class[F],
      kClass: Class[K],
      vClass: Class[V],
      conf: Configuration = hadoopConfiguration): RDD[(K, V)]
```

第一个函数定义中，读者需要关注的是读取文件的 path 路径以及该函数的泛型。其中 K 代表读取文件数据的 Key 类型，V 代表读取文件数据的 Value 类型，F 为文件的格式。例如，对于读取文本文件，那么 K 则为 LongWritable，代表长整型，因为 HDFS 将文本的每一行的起始偏移量作为 Key；而 V 则为 Text，代表字符串，因为 HDFS 将文本的一行数据作为 Value；而 F 则为 TextInputFormat，代表文件格式是文本文件。

第二个函数定义中多了几个参数，除了相同参数 path 外，还专门额外增加了文件的 K、V、F 的类型及 Hadoop 相关的配置信息，这是为了使该函数更加通用。

4．基于 HBase 创建

使用 newAPIHadoopRDD 函数能够从 HBase 中读取数据到 RDD 中。为了能够读取 HBase，需要设置 HBase 的相关连接参数，如 hbase.zookeeper.quorum、hbase.zookeeper.property.clientPort 和 zookeeper.znode.parent 参数。除此之外，还需要指定数据查询条件及数据所在表。该函数的定义如下。

```
newAPIHadoopRDD[K, V, F <: NewInputFormat[K, V]](
      conf: Configuration = hadoopConfiguration,
      fClass: Class[F],
      kClass: Class[K],
      vClass: Class[V]): RDD[(K, V)]
```

在这个函数定义中，泛型 K、V、F 的含义和之前类似，K 代表读取文件数据的 Key 类型，V 代表读取文件数据的 Value 类型，F 为数据源的格式。在这里，使用该函数读取 HBase

的数据时，K 的类型应该是 ImmutableBytesWritable，因为在 HBase 中使用 RowKey 作为数据的 Key，而在 HBase 中 RowKey 是字节数组。V 的类型应该是 Result，这个和 HBase 原生 API 查询的结果类型一致。在这个函数的几个参数中，除了 Key、Value 及数据源类型外，还需要一个 Configuration 参数，该参数中包含了连接 HBase 的参数、查询条件和表。

4.4 RDD 操作

读者可以使用 4.3 节介绍的各种函数创建 RDD。有了 RDD 后，就可以对 RDD 中的数据进行操作了。

4.4.1 RDD 转换操作

RDD 是 Spark 抽象出的数据模型，是一个弹性分布式数据集。读者可以对 RDD 的分区数据进行计算。这些计算操作中，有一类计算操作为 Transformation 操作，这类算子能够对 RDD 的分区中的数据进行各种转换，从而形成新的 RDD。但是 Transformation 操作是懒操作，也就是说，即使对 RDD 数据进行再多的转换计算也不会立刻执行。Spark 在遇到 Transformation 操作时只会记录需要这样的操作，直到遇到 Actions 函数时才会触发 JOB 的执行。

1．基础转换操作

（1）map。

map 函数作用是返回一个新的 RDD，新 RDD 由经过 func 函数转换后的每个元素组成，该函数的定义如下。

```
map[U: ClassTag](f: T => U): RDD[U]
```

从该函数的定义可以看到，它的参数为带一个参数有返回值的函数。该参数的作用是通过迭代 RDD 中的元素，将每一个元素作为它的入参，经过函数定义的逻辑后，返回一个新的元素。因此，迭代所有 RDD 的元素后形成的新元素会放入新的 RDD 中。

（2）mapPartitions。

该函数和 map 函数类似，只不过该函数的输入函数应用于每个分区。该函数的定义如下。

```
mapPartitions[U: ClassTag](
    f: Iterator[T] =>Iterator[U],
    preservesPartitioning: Boolean = false): RDD[U]
```

该函数有两个参数，第一个参数是函数，入参是一个迭代器，返回值也是一个迭代器，作用是将 RDD 的每个分区作为参数传递给用户定义的函数，经过相应处理后，形成新的迭代器作为新的 RDD 的分区数据。第二个参数表示是否保留父 RDD 的分区信息。

（3）mapPartitionsWithIndex。

mapPartitionsWithIndex 函数的作用类似于 mapPartitions 函数，只是输入参数多了一个分区索引。该函数的定义如下。

```
mapPartitionsWithIndex[U: ClassTag](
    f: (Int, Iterator[T]) =>Iterator[U],
```

```
        preservesPartitioning: Boolean = false): RDD[U]
```

（4）cartesian。

cartesian 函数作用是计算笛卡儿积。在数据集 T 和 U 上调用时，返回一个包含(T，U)对的数据集，所有元素交互进行笛卡儿积。该函数的定义如下。

```
cartesian[U: ClassTag](other: RDD[U]): RDD[(T, U)]
```

（5）distinct。

distinct 函数作用是将 RDD 中的数据去重，返回一个去重后的 RDD。该函数的定义如下。

```
distinct(): RDD[T]
```

（6）filter。

filter 函数作用是返回一个新的数据集，新的数据集由经过 func 函数转换后返回值为 true 的原元素组成。该函数的定义如下。

```
filter(f: T => Boolean): RDD[T]
```

（7）flatMap。

flatMap 函数类似于 map 函数，但是每一个输入元素会被映射为 0 或多个输出元素（因此，func 函数的返回值是一个序列，而不是单一元素）。该函数的定义如下。

```
flatMap[U: ClassTag](f: T =>TraversableOnce[U]): RDD[U]
```

实际上 flatMap 函数可以看作 map 函数和 flatten 函数的结合体，即"先映射后扁平化"的操作。从参数函数来看，map 函数返回的是转换后的元素，而 flatMap 函数返回的是一组转换后的元素，最后 flatMap 函数会在内部将每个转换成的一组元素扁平化，相当于拆分开。所以 map 函数形成的新 RDD 的元素个数和旧 RDD 的元素个数一致，而 flatMap 函数则不一致。

（8）zip。

zip 函数用于将两个 RDD 组合成键值对形式的 RDD，这里默认两个 RDD 的分区数以及元素数量都相同，否则会抛出异常。该函数的定义如下。

```
zip[U: ClassTag](other: RDD[U]): RDD[(T, U)]
```

该函数以另一个 RDD 作为入参，最后会将 RDD 的元素两两组合，形成一个 KV 型的 RDD。

（9）zipPartitions。

zipPartitions 函数将多个 RDD 按照分区组合成新的 RDD，该操作需要组合的 RDD 有相同的分区数，但对分区内的元素数量没有要求。该函数的定义如下。

```
zipPartitions[B: ClassTag, V: ClassTag]
      (RDD2: RDD[B], preservesPartitioning: Boolean)
      (f: (Iterator[T], Iterator[B]) =>Iterator[V]): RDD[V]
zipPartitions[B: ClassTag, V: ClassTag]
      (RDD2: RDD[B])
      (f: (Iterator[T], Iterator[B]) =>Iterator[V]): RDD[V]
zipPartitions[B: ClassTag, C: ClassTag, V: ClassTag]
      (RDD2: RDD[B], RDD3: RDD[C], preservesPartitioning: Boolean)
```

```
        (f: (Iterator[T], Iterator[B], Iterator[C]) =>Iterator[V]): RDD[V]
zipPartitions[B: ClassTag, C: ClassTag, V: ClassTag]
        (RDD2: RDD[B], RDD3: RDD[C])
        (f: (Iterator[T], Iterator[B], Iterator[C]) =>Iterator[V]): RDD[V]
zipPartitions[B: ClassTag, C: ClassTag, D: ClassTag, V: ClassTag]
        (RDD2: RDD[B],
RDD3: RDD[C],
RDD4: RDD[D],
preservesPartitioning: Boolean)
        (f: (Iterator[T], Iterator[B], Iterator[C], Iterator[D]) =>Iterator[V])
: RDD[V]
zipPartitions[B: ClassTag, C: ClassTag, D: ClassTag, V: ClassTag]
        (RDD2: RDD[B], RDD3: RDD[C], RDD4: RDD[D])
        (f: (Iterator[T], Iterator[B], Iterator[C], Iterator[D]) =>Iterator[V])
: RDD[V]
```

该函数的定义有 6 个，且是柯里化函数。柯里化参数的第一部分是需要组合的一个或多个 RDD 以及是否保留父 RDD 的 partitioner 分区信息；第二部分则为一个函数，该参数的入参为两个迭代器，分别对应组合的两个 RDD 对应的分区，最后返回一个组合后的新的分区迭代器。

（10）zipWithIndex。

zipWithIndex 函数将 RDD 中的元素和这个元素在 RDD 中的 ID（索引号）组合成键值对 (elem, index)。该函数的定义如下。

```
zipWithIndex(): RDD[(T, Long)]
```

（11）zipWithUniqueId。

zipWithUniqueId 函数将 RDD 中的元素和一个唯一 ID 组合成键值对。该函数的定义如下。

```
zipWithUniqueId(): RDD[(T, Long)]
```

唯一 ID 生成算法如下。

- 每个分区中第一个元素的唯一 ID 值为该分区索引号。
- 每个分区中第 n 个元素的唯一 ID 值为前一个元素的唯一 ID 值加该 RDD 总的分区数。

总结算法：对每个分区而言，ID 为从分区索引号开始，步进为分区数。

（12）glom。

glom 函数将 RDD 中每一个分区中所有类型为 T 的数据转变成类型为 T 的数组 [Array[T]]。该函数的定义如下。

```
glom(): RDD[Array[T]]
```

（13）union。

union 函数将两个 RDD 合并，返回两个 RDD 的并集，返回元素不去重。该函数的定义如下。

```
union(other: RDD[T]): RDD[T]
++(other: RDD[T]): RDD[T]
```

该函数的定义虽然只有一个，但是有一个++的函数，其实际上就是 union 函数。

（14）intersection。

intersection 函数返回两个 RDD 的交集，返回元素去重。该函数的定义如下。

```
intersection(other: RDD[T]): RDD[T]
intersection(
    other: RDD[T],
    partitioner: Partitioner)(implicit ord: Ordering[T] = null): RDD[T]
```

该函数有两个定义，第二个定义多了一个分区器，用于指定数据如何分散到各个 RDD 分区中。

（15）subtract。

subtract 函数返回两个 RDD 的差集，返回元素不去重。该函数的定义如下。

```
subtract(other: RDD[T]): RDD[T]
subtract(other: RDD[T], numPartitions: Int): RDD[T]
subtract(
    other: RDD[T],
    p: Partitioner)(implicit ord: Ordering[T] = null): RDD[T]
```

该函数的定义有 3 个，第一个定义只有一个参数，即取差集的 RDD；第二个定义多了一个分区数的参数，也就是说可以指定差集后的 RDD 的分区数；第三个定义的第二个参数可以指定分区器。

2．键值转换操作

（1）mapValues。

mapValues 函数类似于 map 函数，只是 mapValues 函数针对（K, V）中的 V 值进行 map 操作。该函数的定义如下。

```
mapValues[U](f: V => U): RDD[(K, U)]
```

该函数的参数也是函数，但该参数的入参并不是整个 KV，而仅仅是每个元素的 V 值。V 值经过转换后形成新的 V 值，新 RDD 的 K 值不变，而 V 值则为新的 V 值。

（2）flatMapValues。

flatMapValues 函数类似于 flatMap 函数，只是 flatMapValues 函数针对(K, V)中的 V 值进行 flatMap 操作。该函数的定义如下。

```
flatMapValues[U](f: V =>TraversableOnce[U]): RDD[(K, U)]
```

（3）cogroup。

cogroup 函数相当于 SQL 的全外关联，关联不上的为空，可传入的参数有 1～3 个 RDD，形成的 RDD 的数据条数为不同 Key 的总数。该函数的定义如下。

```
cogroup[W1, W2, W3](other1: RDD[(K, W1)],
    other2: RDD[(K, W2)],
    other3: RDD[(K, W3)],
    partitioner: Partitioner)
    : RDD[(K, (Iterable[V], Iterable[W1], Iterable[W2], Iterable[W3]))]
cogroup[W](other: RDD[(K, W)], partitioner: Partitioner)
    : RDD[(K, (Iterable[V], Iterable[W]))]
cogroup[W1, W2](
other1: RDD[(K, W1)],
other2: RDD[(K, W2)],
```

```
       partitioner: Partitioner)
             : RDD[(K, (Iterable[V], Iterable[W1], Iterable[W2]))]
cogroup[W1, W2, W3](
other1: RDD[(K, W1)],
other2: RDD[(K, W2)],
other3: RDD[(K, W3)])
             : RDD[(K, (Iterable[V], Iterable[W1], Iterable[W2], Iterable[W3]))]
cogroup[W](other: RDD[(K, W)]): RDD[(K, (Iterable[V], Iterable[W]))]
cogroup[W1, W2](other1: RDD[(K, W1)], other2: RDD[(K, W2)])
             : RDD[(K, (Iterable[V], Iterable[W1], Iterable[W2]))]
cogroup[W](
       other: RDD[(K, W)],
numPartitions: Int): RDD[(K, (Iterable[V], Iterable[W]))]
cogroup[W1, W2](
other1: RDD[(K, W1)],
other2: RDD[(K, W2)],
numPartitions: Int)
             : RDD[(K, (Iterable[V], Iterable[W1], Iterable[W2]))]
cogroup[W1, W2, W3](other1: RDD[(K, W1)],
       other2: RDD[(K, W2)],
       other3: RDD[(K, W3)],
numPartitions: Int)
             : RDD[(K, (Iterable[V], Iterable[W1], Iterable[W2], Iterable[W3]))]
```

该函数的定义有 9 个，主要使用 cogroup 函数关联 1~3 个 RDD 的不同定义。除此外，还可以指定分区数或分区器。

（4）join。

join 函数相当于 SQL 的内连接或自然连接，只返回左右 RDD 都有的 Key。该函数的定义如下。

```
join[W](other: RDD[(K, W)], partitioner: Partitioner): RDD[(K, (V, W))]
```

可以使用该函数将两个 KV（键值）RDD 的数据以 K（键）进行关联。关联后形成的新的 RDD 依然是 KV（键值）RDD，只不过新的 RDD 的 V（值）为相同 K（键）的 V（值）构成的二元元组。

（5）fullOuterJoin。

fullOuterJoin 函数相当于 SQL 的全连接，与 cogroup 函数类似。但不同的是，cogroup 函数会把相同 Key 放在一条数据里；而 fullOuterJoin 函数则是将两个 RDD 的数据的相同 K（键）关联为一条，匹配不上的 V（值）为 None，如果有多个相同的 K（键），则会依次关联，形成多条数据。该函数的定义如下。

```
fullOuterJoin[W](other: RDD[(K, W)], partitioner: Partitioner)
       : RDD[(K, (Option[V], Option[W]))]
```

通过该函数的定义可以看到，它返回的 RDD 也为 KV（键值）型，并且 V（值）为二元元组，元组中的数据为相同 K（键）所关联上的两个 V（值）。但是需要注意的是，这个值的类型是 Option 类型。也就是说，如果 K（键）在某个 RDD 中出现，则对应的 Option 为 Some；如果没有出现，则对应的 Option 为 None。

（6）leftOuterJoin。

leftOuterJoin 函数相当于 SQL 的左外连接。也就是说，如果左边 RDD 的数据都存在，则右边可以为空；如果左边 RDD 的数据不存在，则不返回。该函数的定义如下。

```
leftOuterJoin[W](
    other: RDD[(K, W)],
    partitioner: Partitioner): RDD[(K, (V, Option[W]))]
```

该函数和全连接类似，只不过因为是左外连接，所以如果"左边"RDD 的 K（键）在"右边"的 K（键）中不存在，则返回值中"右边"对应的 Option 为 None；如果"右边"RDD 的 K（键）在"左边"RDD 中不存在，则忽略该数据。注意，这里的"左边"代指的是使用该函数的 RDD，而"右边"代指的是参数传入的 RDD。

（7）rightOuterJoin。

rightOuterJoin 函数相当于 SQL 的右外连接，与 leftOuterJoin 函数相反。也就是说，如果右边 RDD 的数据都存在，则左边可以为空；如果右边 RDD 的数据不存在的，则不返回。该函数的定义如下。

```
rightOuterJoin[W](other: RDD[(K, W)], partitioner: Partitioner)
    : RDD[(K, (Option[V], W))]
```

该函数和左外连接相反，"左边"不存在的数据对应的 Option 为 None，"右边"不存在的数据忽略。注意，这里的"左边"代指的是使用该函数的 RDD，而"右边"代指的是参数传入的 RDD。

（8）subtractByKey。

subtractByKey 函数和 subtract 函数类似，只是 subtractByKey 函数针对的是键值操作。该函数的定义如下。

```
subtractByKey[W: ClassTag](other: RDD[(K, W)]): RDD[(K, V)]
```

相同 K（键）的数据将会被去除，如果左边的 K（键）在右边不存在，则会保留该数据；如果右边的 K（键）在左边不存在，则不会保留该数据，类似于减法操作。注意，这里的"左边"代指的是使用该函数的 RDD，而"右边"代指的是参数传入的 RDD。

（9）reduceByKey。

reduceByKey 函数在一个（K，V）对的数据集上使用，返回一个（K，V）对的数据集，Key 相同的值都被指定的 reduce 函数聚合到一起。该函数的定义如下。

```
reduceByKey(partitioner: Partitioner, func: (V, V) => V): RDD[(K, V)]
reduceByKey(func: (V, V) => V, numPartitions: Int): RDD[(K, V)]
reduceByKey(func: (V, V) => V): RDD[(K, V)]
```

对于第一个定义，第一个参数可以指定分区器，第二个参数为指定的 reduce 函数。

对于第二个定义，第一个参数为指定的 reduce 函数，第二个参数可以指定新 RDD 的分区数。

第三个定义最简单，只有一个参数，为指定的 reduce 函数。

需要注意的是，reduceByKey 函数会应用于每个分区，当每个分区计算完后再在多个分区结果上执行该函数，最终得到结果。

（10）foldByKey。

foldByKey 函数在一个 RDD[(K，V)]上使用，根据 K 将 V 折叠、合并。其功能类似于 reduceByKey 函数，只不过有初始值。该函数的定义如下。

```
foldByKey(
    zeroValue: V,
    partitioner: Partitioner)(func: (V, V) => V): RDD[(K, V)]
foldByKey(zeroValue: V, numPartitions: Int)(func: (V, V) => V): RDD[(K, V)]
```

在 reduceByKey 函数中指定的 reduce 函数的两个参数初始分别以 RDD 中的每个分区的第一个和第二个元素作为入参，而对于 foldByKey 函数的参数 zeroValue，可以指定处理时的初始值。也就是说，处理函数入参的第一个参数为 zeroValue，第二个参数为 RDD 当前分区的第一个元素。

（11）groupByKey。

groupByKey 函数在一个由（K，V）对组成的数据集上使用，会对相同的 K（键）进行分组，形成二元元组，第一个字段为相同的 K（键），第二个字段为具备相同 K（键）的 V（值）的集合。该函数的定义如下。

```
groupByKey(): RDD[(K, Iterable[V])]
```

（12）groupBy。

groupBy 函数和 groupByKey 函数类似，只不过可以自定义分组的 K（键）。该函数的定义如下。

```
groupBy[K](f: T => K)(implicit kt: ClassTag[K]): RDD[(K, Iterable[T])]
groupBy[K](
    f: T => K,
    numPartitions: Int)(implicit kt: ClassTag[K]): RDD[(K, Iterable[T])]
groupBy[K](f: T => K, p: Partitioner)
(implicit kt: ClassTag[K], ord: Ordering[K] = null): RDD[(K, Iterable[T])]
```

该函数有 3 个定义，每个定义都是柯里化函数，只不过第二部分为隐式参数，但最主要的还是第一部分的参数。

第一个定义只有一个类型为函数的参数，作用是可以根据自定义逻辑来决定分组的 K（值），函数的入参为 RDD 中的每一条数据，返回值为分组 K（值）。第二个定义中，第二个参数可以指定新 RDD 的分区数。而第三个定义的第二个参数为分区器。

（13）groupWith。

groupWith 函数本质就是 cogroup 函数，因为其内部调用就是 cogroup 函数。该函数的定义如下。

```
groupWith[W](other: RDD[(K, W)]): RDD[(K, (Iterable[V], Iterable[W]))]
groupWith[W1, W2](other1: RDD[(K, W1)], other2: RDD[(K, W2)])
    : RDD[(K, (Iterable[V], Iterable[W1], Iterable[W2]))]
groupWith[W1, W2, W3](
other1: RDD[(K, W1)],
other2: RDD[(K, W2)],
other3: RDD[(K, W3)])
    : RDD[(K, (Iterable[V], Iterable[W1], Iterable[W2], Iterable[W3]))]
```

（14）keys。

keys 函数就是将 KV 型 RDD 中的 K（键）形成新的 RDD。该函数的定义如下。

```
keys: RDD[K]
```

实际上内部执行的逻辑是 map(_._1)，所以本质上相当于使用 map 转换函数将原有数据的 K（键）形成新的 RDD。

（15）values。

values 函数就是将 KV 型 RDD 中的 V（值）形成新的 RDD。该函数的定义如下。

```
values: RDD[V]
```

实际上内部执行的逻辑是 map(_._2)，所以本质上相当于使用 map 转换函数将原有数据的 V（值）形成新的 RDD。

3．排序转换操作

sortBy 函数根据给定函数的返回值来对 RDD 中的元素进行排序。该函数的定义如下。

```
sortBy[K](
     f: (T) => K,
     ascending: Boolean = true,
numPartitions: Int = this.partitions.length)
     (implicit ord: Ordering[K], ctag: ClassTag[K]): RDD[T]
```

第一个参数是函数，它的入参是每一条数据，而返回值是用于排序比较的值，至于是升序还是降序则由第二个参数决定。第三个参数用于指定新 RDD 的分区数，如果不指定则默认为之前 RDD 的分区数。

4.4.2 RDD 控制操作

Controls（控制）操作能够将 RDD 中的数据持久化到内存或磁盘中，这使得在计算过程中可以进行数据共享，以避免重复计算，提高计算效率。一般在多次重复使用 RDD，长依赖（依赖链长）避免重新计算时，或者在 Shuffle 大量数据传输避免数据丢失等情况下使用控制函数。控制函数有以下几种。

1．cache

当对 RDD 执行 cache 函数操作时，Spark 会将 RDD 的数据进行持久化。持久化后的数据将放入内存中，后续操作可以重复使用该 RDD 的数据而不必再次计算。该函数的定义如下。

```
cache(): this.type
```

该函数并没有任何参数，并且该函数内部的实现实际调用的是 persist 函数。

2．persist

persist 函数也是用于数据持久化，cache 函数是它的特例。在 persist 函数中，可以指定一个 StorageLevel，当 StorageLevel 为 MEMORY_ONLY 时就是 cache 函数，默认 persist 就是

MEMORY_ONLY。该函数的定义如下。

```
persist(newLevel: StorageLevel, allowOverride: Boolean): this.type
persist(newLevel: StorageLevel): this.type
persist(): this.type
```

该函数的定义有 3 个，定义中除了 StorageLevel 之外，还有一个 allowOverride 参数。其中参数 StorageLevel 的常用可选值有 MEMORY_ONLY、MEMORY_AND_DISK、MEMORY_ONLY_SER、MEMORY_AND_DISK_SER、DISK_ONLY、MEMORY_ONLY_2、MEMORY_AND_DISK_2 等，而 allowOverride 参数用于指定是否允许修改存储级别。

3. unpersist

unpersist 函数和 persist 函数相反，使用该函数会将内存或磁盘上持久化的 RDD 数据删除。该函数的定义如下。

```
unpersist(blocking: Boolean = true): this.type
```

该函数只有一个参数 blocking，该参数的默认值为 true。当为 true 时，该函数会阻塞到所有持久化的数据删除完毕。

4. checkpoint

可以使用 checkpoint 函数设置检查点，相对持久化 persist 函数，checkpoint 函数将切断其他与该 RDD 之间的依赖关系。该函数的定义如下。

```
checkpoint(): Unit
```

设置检查点对包含宽依赖的长血统的 RDD 是非常有用的，可以避免占用过多的系统资源和节点失败情况下重新计算导致成本过高的问题。使用该函数时需要指定检查点目录 Checkpoint Dir。

4.4.3 RDD 行动操作

本书在前面章讲过，作业是由 Actions（行动）函数触发的。这类函数会将最后的计算结果输出，并且返回值不是 RDD。

1. foreach

foreach 函数用于遍历 RDD 中的每个元素，并将函数应用于每个元素。注意，foreach 函数只会在 Executor 端有效，而不是 Driver 端。该函数的定义如下。

```
foreach(f: T => Unit): Unit
```

2. foreachPartition

foreachPartition 函数和 foreach 函数类似，只不过该函数应用于每个分区。该函数的定义如下。

```
foreachPartition(f: Iterator[T] => Unit): Unit
```

通过函数定义可以看到，foreachPartition 函数的参数函数的入参是一个迭代器，而这个迭代器正是 RDD 的每个分区。

3. reduce

reduce 函数的参数是一个函数类型的 func 通过 reduce 方法聚集数据集中的所有元素进行规约运算，最后返回规约元素的值到 Driver 端。

```
reduce(f: (T, T) => T): T
```

func 函数接收 2 个参数，并返回一个值。这个函数必须是关联性的，以确保可以被正确地并发执行。

4. collect

collect 函数以数组的形式将 RDD 的所有元素收集（返回）到 Driver 端。该函数的定义如下。

```
collect(): Array[T]
```

通常在使用 filter 或者其他操作，返回一个足够小的数据子集后再使用，直接将整个 RDD 收集（返回）很可能会让 Driver 程序内存溢出（Out Of Memory，OOM）。

5. count

count 函数返回数据集的元素个数。该函数的定义如下。

```
count(): Long
```

6. take

take 函数返回一个数组到 Driver 端，由数据集的前 n 个元素组成。该函数的定义如下。

```
take(num: Int): Array[T]
```

参数表示取前多少个元素。注意，这个函数目前并非在多个节点上并行执行，而是在 Driver 程序所在的计算机上执行。

7. top

top 函数将从 RDD 中按默认（降序）或指定排序规则返回前 num 个元素。该函数的定义如下。

```
top(num: Int)(implicit ord: Ordering[T]): Array[T]
```

参数表示返回排序后的前多少个元素。注意，这个函数目前并非在多个节点上并行执行，而是在 Driver 程序所在的计算机上执行。

8. takeOrdered

takeOrdered 函数和 top 函数类似，只不过是相反的顺序。该函数的定义如下。

```
takeOrdered(num: Int)(implicit ord: Ordering[T]): Array[T]
```

参数表示返回排序后的前多少个元素。注意，这个函数目前并非在多个节点上并行执行，而是在 Driver 程序所在的计算机上执行。

9. first

first 函数返回数据集的第一个元素，类似于 take（1）。该函数的定义如下。

```
first(): T
```

10. lookup

lookup 函数用于 KV 型 RDD，指定 K，返回 RDD 中该 K 对应的所有 V 值。该函数的定义如下。

```
lookup(key: K): Seq[V]
```

11. countByKey

countByKey 函数用于统计（K,V）中每个 K 的数量。该函数的定义如下。

```
countByKey(): Map[K, Long]
```

12. countByValue

countByValue 函数用于统计相同元素的个数。该函数的定义如下。

```
countByValue()(implicit ord: Ordering[T] = null): Map[T, Long]
```

13. reduceByKeyLocally

reduceByKeyLocally 函数和 reduceByKey 函数类似，不同的是 reduceByKeyLocally 函数的运算结果会映射到 Map[K, V]中，而不是 RDD[K, V]中。该函数的定义如下。

```
reduceByKeyLocally(func: (V, V) => V): Map[K, V]
```

reduceByKeyLocally 函数的运算结果会返回到 Driver 端，而 reduceByKey 函数是一个转换函数，计算后的结果会形成新的 RDD。

14. fold

fold 函数将对 RDD 的数据进行聚合处理。fold 函数与 foldByKey 函数的区别在于 foldByKey 函数是一个转换函数，会将相同 K 的数据进行聚合处理并形成新的 RDD，而 fold 函数为行动函数，处理后得到的结果不是新的 RDD，而是返回到 Driver 端的值。该函数的定义如下。

```
fold(zeroValue: T)(op: (T, T) => T): T
```

注意，fold 函数中 zeroValue、中间结果及最后结果的类型必须和元素类型相同。

15. saveAsTextFile

saveAsTextFile 函数将 RDD 中的数据输出（保存）到文本文件中，一条数据为一行。该函数的定义如下。

```
saveAsTextFile(path: String): Unit
saveAsTextFile(path: String, codec: Class[_ <: CompressionCodec]): Unit
```

该函数有两个定义，第一个定义只有一个 path 参数，该参数用于指定输出文件的目录；而第二个定义多了一个 codec 参数，用于指定编解码器。

16. saveAsObjectFile

saveAsObjectFile 函数将 RDD 中的数据以序列化文件格式输出（保存）。该函数的定义如下。

```
saveAsObjectFile(path: String): Unit
```

该函数只有一个 path 参数，用于指定输出文件的目录。

17. saveAsNewAPIHadoopFile

saveAsNewAPIHadoopFile 函数为底层通用函数，用于将 RDD 数据保存为 Hadoop 文件。该函数的定义如下。

```
saveAsNewAPIHadoopFile[F <: NewOutputFormat[K, V]](
    path: String)(implicit fm: ClassTag[F]): Unit
saveAsNewAPIHadoopFile(
    path: String,
    keyClass: Class[_],
    valueClass: Class[_],
    outputFormatClass: Class[_ <: NewOutputFormat[_, _]],
    conf: Configuration = self.context.hadoopConfiguration): Unit
```

该函数有两个定义，两个定义都需要指定文件输出路径。其中，第一个定义是通过泛型来指定数据存储到文件时的 K 和 V 及输出文件的类型的，而第二个定义是通过参数来进行控制的。可以看到，该函数的第二个定义有 5 个参数，第一个参数用于指定 HDFS 文件路径；第二个参数用于指定 Hadoop 文件的 Key 类型；第三个参数用于指定 Hadoop 文件存储 Value 的类型；第四个参数用于指定 Hadoop 文件的格式；最后一个参数用于指定 Hadoop 配置文件，不指定则使用当前上下文的 Hadoop 配置。

18. saveAsNewAPIHadoopDataset

saveAsNewAPIHadoopDataset 函数将 RDD 输出到任何支持 Hadoop 的存储系统，如 HBase。该函数的定义如下。

```
saveAsNewAPIHadoopDataset(conf: Configuration): Unit
```

该定义中只有一个参数，即 Hadoop 的配置，用于设置一个 OutputFormat（输出格式）和需要的输出路径（如要写入的表名）。

4.5 RDD 持久化

本书在 4.4 节中列举了各种 RDD 操作，这些操作可以降低分布式计算的开发难度。对于 Spark，除了这些操作外，另外一个非常重要的特性就是将 RDD 持久化，RDD 的持久化可以有效地提升应用程序的性能。

4.5.1 持久化优势

持久化优势如下。

1．一次计算多次使用

Spark 的一个非常重要的特性就是能够将 RDD 中的数据持久化在内存中。当进行持久化操作时，对应节点都会将 RDD 分区持久化到内存中，从而能够对内存中 RDD 的分区数据重复使用。这样就能够达到一次计算多次使用的目的，而不需要多次计算该 RDD。

2．显著提升性能

合理使用 RDD 持久化的特性能够使应用程序的性能得到显著的提升，对迭代式运算和快速交互式应用来说，持久化尤为重要。

3．自动容错

从之前的章节可知，要进行持久化，需要 RDD 执行控制函数 cache 或 persist。该 RDD 第一次计算出来后，会直接将每个分区的数据缓存在对应节点中。持久化机制是自动容错的，如果持久化的 RDD 中任何分区丢失，Spark 都能自动通过对其父 RDD 使用对应转换操作来重新计算出该分区的数据。

4．多实现方式

cache 和 persist 函数的区别在于 cache 函数是 persist 函数的一个特例，cache 函数的底层就是 persist 函数的无参方式，即将数据持久化到内存中。如果要清除缓存，则使用 unpersist 函数。

5．自动实现

Spark 也会在 Shuffle 操作时进行数据的持久化，例如写入磁盘，这主要是为了在节点失败时，避免需要重新计算整个过程。

4.5.2 持久化策略

RDD 持久化可以选择不同的策略，如将 RDD 持久化在内存或磁盘中，以及序列化后再持久化等。对 RDD 执行 persist 函数，调整 persist 函数的参数 StorageLevel 便可选择不同的策略。以下是 StorageLevel 可选策略。

1．MEMORY_ONLY

MEMORY_ONLY 采用非序列化的 Java 对象的方式持久化在 JVM 内存中。如果内存不足以存储 RDD 的所有分区数据，那么剩下的分区数据就会在下一次需要时重新被计算。

2．MEMORY_AND_DISK

MEMORY_AND_DISK 同 MEMORY_ONLY 类似，不同之处在于当剩下的分区数据无法存储在内存中时，它们会持久化到磁盘中。下次需要使用剩下的分区数据时，需要从磁盘上读取。

3．MEMORY_ONLY_SER

MEMORY_ONLY_SER 同 MEMORY_ONLY 类似，不同之处在于该函数使用 Java 序列化的方式将 Java 对象序列化后再进行持久化。这样可以减少内存开销，但是需要进行反序列化，因此会加大 CPU 开销。

4．MEMORY_AND_DSK_SER

MEMORY_AND_DSK_SER 同 MEMORY_AND_DSK 类似，不同之处在于该函数使用序列化的方式持久化 Java 对象。

5．DISK_ONLY

DISK_ONLY 使用非序列化的方式持久化 Java 对象，并完全存储到磁盘上。

6．MEMORY_ONLY_2 或者 MEMORY_AND_DISK_2 等

尾部加了 2 的持久化级别表示会将持久化数据复制一份并保存到其他节点，从而在数据丢失时不需要再次计算，只需要使用备份数据即可。

4.6 RDD 容错机制

容错是指系统在某模块出现故障时是否能够持续地对外提供服务，一个具备高可用性的系统应该具备很高的容错性。对一个庞大的集群来说，常见的故障形式有多种，如机器故障、网络异常等。Spark 提供了许多容错机制来提高整个系统的可用性。

通常情况下，RDD 的容错方式有两种，即记录数据的更新和数据检查点。对于大规模的数据分析，采用数据检查点的成本很高，需要数据中心通过网络连接到集群的各个节点来复制这些庞大的数据集。通常网络带宽一般比内存低很多，同时还需要消耗非常多的存储资源。所以对于 Spark，一般选择记录更新的方式。如果更新粒度太细太多，记录的成本也会很高，所以 RDD 只支持粗粒度转换，将创建 RDD 的一系列变换记录下来，以便恢复丢失的分区数据。每个 RDD 都记录了它是如何由其他 RDD 转换而来的等信息，这种容错机制称为"血统"（lineage）容错。血统容错本质上很类似于数据库中的重做日志（Redo Log），只不过这个重做日志粒度很大。

4.6.1 lineage 机制

1．简介

Spark 的血统容错记录的是粗粒度的特定数据 Transformation 操作（如 filter、map、join

等）行为。当该 RDD 的部分分区数据丢失时，可以通过血统容错获取足够的信息来重新运算和恢复丢失的分区数据。由于采用的是粗粒度的数据模型，因此 Spark 的应用场景有所限制，导致 Spark 不太适合所有高性能的场景。但相比其他细粒度的数据模型来说，Lineage 机制也带来了性能的提升。

2. 两种依赖关系

通过前面内容的学习，读者已经知道依赖分为宽依赖和窄依赖，且知道 DAG 划分 Stage 时的核心算法是根据依赖是否为宽依赖来进行的。在容错机制中，如果是宽依赖，重算分区时，因为父 RDD 的分区数据只有一部分是需要重算子分区的，所以其余数据重算就造成了冗余计算。由于 Stage 计算的输入和输出在不同节点上，如果输入节点完好但输出节点出现问题，在重新计算恢复数据的情况下，血统容错方式是有效的；如果是输入节点出现问题，则采用血统容错方式是无效的，需要继续向上追溯 RDD 祖先看是否可以重算（这就是血统的含义）。窄依赖对于数据的重算开销要远小于宽依赖的数据重算开销。

窄依赖和宽依赖的概念主要用在两个地方，一个是容错中，另一个是在调度中构建 DAG 作为不同 Stage 的划分点。

3. 依赖关系的特性

窄依赖可以通过血统在某个 Worker 节点上找到一个 RDD 的父 RDD 对应的分区，然后通过重算得到该 RDD 丢失的分区数据。对于宽依赖，由于子 RDD 的某个分区的数据需要依赖父 RDD 的所有分区数据，因此要等到父 RDD 的所有数据都计算完成后才能计算子 RDD。

某个 RDD 的分区数据丢失时，窄依赖只需要重算丢失的分区数据即可恢复，而宽依赖则需要通过血统找到祖先 RDD 中的所有数据并全部重算来恢复。所以当为长"血统"且有宽依赖时，可以考虑在适当的时机设置数据检查点。因此可以根据不同的依赖关系采取不同的任务调度机制和容错机制。

在容错机制中，某个节点出现问题时，如果在该节点的 RDD 的分区是窄依赖计算，则只需要将丢失的分区对应的父 RDD 的分区数据重新计算即可，不依赖其他节点；如果是宽依赖计算，则需要将所有父 RDD 的分区数据重算，所以代价昂贵。

窄依赖不存在冗余计算，因为只需重算对应父 RDD 的分区即可。对于宽依赖，丢失一个子 RDD 分区就要重算父 RDD 的所有分区，因为父 RDD 的每个分区的部分数据会被子 RDD 的对应分区使用，所以会有大量的冗余计算，这也是宽依赖开销更大的原因。

4.6.2 checkpoint 机制

1. 简介

检查点 checkpoint 就是把内存中的变化刷新到持久化存储中，以切断依赖链。在存储中，checkpoint 是一个很常见的概念，下面举几个例子。

（1）数据库的 checkpoint。

在数据库中，使用 checkpoint 把内存的变化持久化到物理页，这时就可以切除依赖并把 Redo 日志删掉，然后更新检查点。

（2）HDFS 的 checkpoint。

在 HDFS 中，NameNode 有一个 editlog 文件，用于记录所有的操作。而 Secondary NameNode 会定时把 editlog 文件与 fsimage 文件进行合并，从而形成新的 fsimage 文件。其实相当于做了一次 checkpoint，此时就可以把旧的 editlog 文件删除掉了。

（3）SparkStreaming 的 checkpoint。

在 SparkStreaming 流式处理中，有一些操作是有状态的。在这种转换中，形成的 RDD 需要依赖前面批处理的 RDD，这时会导致依赖链随着时间变长。为了避免这种情况，需要定期将中间的 RDD 持久化来切断依赖链，也就是说需要隔一段时间进行一次 checkpoint。

在这里需要注意 cache 和 checkpoint 的区别。cache 是把 RDD 计算出来放在内存中，但是 RDD 的依赖链不能去除，当某个节点的 Executor 出现问题时，cache 的 RDD 数据就会丢掉，此时依然需要通过血统的依赖链进行重算。而 checkpoint 是把 RDD 持久化到磁盘中，因此依赖链就可以丢掉了。需要注意的是，因为 checkpoint 需要把作业重头计算，所以最好还是先 cache，这样 checkpoint 就可以直接使用缓存中的 RDD 数据了，就不用重算了，对性能也有极大的提升。

2．写流程

RDD 的 checkpoint 有以下几种状态。

（1）初始化检查点。

首先，需要在 Driver 端通过 RDD 的 checkpoint 方法去指定哪些 RDD 需要执行 checkpoint。然后，对应执行 checkpoint 方法的 RDD 就接受 RDDCheckpointData 管理。其次还需要指定 checkpoint 的存储路径，可以是本地或者 HDFS 上。

（2）标记检查点。

初始化后，RDDCheckpointData 会将 RDD 标记为 MarkedForCheckpoint。

（3）设置检查点。

作业运行结束后，内部会在最后一个 RDD 使用 doCheckpoint 方法。它会根据依赖链回溯，遇到标记为要执行 checkpoint 的 RDD 就将其标记为 CheckpointingInProgress，然后将写磁盘（如写 HDFS）需要的配置文件广播到其他 Worker 节点上的 BlockManager。完成以后，启动一个 JOB 来完成 checkpoint。

（4）完成检查点。

当 JOB 完成检查点后，需要将该 RDD 的依赖去除掉，并修改状态为完成检查点。之后为该 RDD 增加一个依赖 CheckpointRDD，而该 CheckpointRDD 负责读取之前存储在文件系统上的 checkpoint 文件来生成 RDD。

3．读流程

一旦某个 RDD 执行了 checkpoint，如果不手动去除 checkpoint 文件，那么它是一直存在的，也就是说可以被其他 Driver 程序使用。例如，当 SparkStreaming 出现问题时，重启后它可以使用之前 checkpoint 文件的数据进行恢复，同理，同一个 Driver 程序也可以使用。具体细节如下。

如果一个 RDD 已经 checkpoint 了，那么就斩断依赖，使用 ReliableCheckpointRDD 来处

理依赖和获取分区数据；如果没有，则往前回溯依赖。因为已经斩断了依赖，所以获取分区数据就是读取 checkpoint 在 HDFS 目录中的不同分区保存下来的文件。

那么什么时候适合使用 checkpoint 呢？

（1）DAG 中的 Lineage 过长，如果重算，则开销太大。

（2）在宽依赖上使用 checkpoint 获得的收益更大。

在 RDD 计算中，使用 checkpoint 进行容错。传统使用 checkpoint 有两种方式，分别是冗余数据和日志记录更新操作。RDD 中的 doCheckPoint 方法相当于通过冗余数据来缓存数据，而之前介绍的血统就是通过粗粒度的记录更新操作来实现容错的。

checkpoint 的本质就是将 RDD 持久化到磁盘上。使用 checkpoint 的目的是通过血统做容错，因为血统过程会造成容错的成本过高，这样就可以考虑在中间阶段做 checkpoint 容错，即使后面的节点出现问题丢失某些分区，也可以从 checkpoint 开始重算，减少重算的开销。

小　　结

通过本章的学习，读者知道了 Spark SQL 底层 Spark 核心的基础 RDD 模型、内部原理及内部运行流程，并了解了 RDD 的持久化、Lineage 机制及 checkpoint 机制，并能够基于 RDD 执行各种创建、转换、控制、行动等操作。读者了解了 Spark 底层模型 RDD 后可以更加容易理解 Spark SQL 的 DataFrame 和 DataSet 模型。

习　　题

（1）简要描述什么是 RDD。

（2）RDD 的分区是什么意思？

（3）简要描述如何持久化 RDD。

（4）RDD 的容错机制是什么？

第 5 章 Spark SQL 编程进阶

> 学习目标

（1）学会使用 SparkSession。
（2）了解 DataFrame 的原理及使用形式。
（3）了解 DataSet 的原理及使用形式。
（4）了解 DataSet 与 DataFrame 的共性与区别。
（5）学会进行 DataFrame、DataSet、RDD 的相互转换。

5.1 概述

通过第 4 章的学习，读者了解了 RDD 抽象模型及其相关操作，为后续 Spark SQL 编程进阶奠定了坚实的基础。本章将开启 Spark SQL 编程之旅，通过本章的学习，读者能够学会使用基于 Spark SQL 的编程模型进行分布式计算。

5.2 SparkSession

SparkSession 是 Spark SQL 的"入口"，是通向 Spark SQL 的"大门"。用户可以使用 SparkSession 连接到 Spark SQL 并访问其各种功能。在 Spark SQL 程序开发过程中，第一个要创建的就是 SparkSession 对象。

5.2.1 SparkSession 介绍

从 Spark 2.0 开始，Spark 使用全新的 SparkSession 接口替代了 Spark 1.6 中的 SQLContext 和 HiveContext 来实现对数据的加载、转换和处理等。它能够实现 SQLContext 和 HiveContext 所有的功能，开发人员只需要创建一个 SparkSession 对象即可。SparkSession 支持从不同的数据源加载数据并把数据转换成 DataFrame，也能够将其转换成 SQLContext 中的表，并通过 SQL 语句来操作数据，同时还提供了 HiveQL 及其他依赖于 Hive 的功能支持。

5.2.2 创建 SparkSession

SparkSession 是 Spark SQL 的"入口"，使用 Spark SQL 操作数据时，需要把数据加载到

DataFrame 或 DataSet 中。而 DataFrame 或 DataSet 的创建需要通过 SparkSession，所以它是第一个要创建的。

创建 SparkSession 对象时，需要借助其内部的 Builder 类来创建，且在创建的同时可以指定各种参数配置。Builder 类主要具备表 5-1 所示的几个核心方法。

表 5-1　　　　　　　　　　　　　Builder 类的核心方法

方法	作用
getOrCreate	获取或者新建一个 SparkSession
enableHiveSupport	增加 Hive 支持
appName	设置应用名字
config	设置各种配置

读者可以通过 SparkSession.builder 来创建一个 SparkSession 的实例，并通过 stop 函数来停止 SparkSession。以下是 Spark 官网创建 SparkSession 的示例。

```
import org.apache.spark.sql.SparkSession
val spark = SparkSession
  .builder()
  .appName("SparkSQL basic example")
  .config("spark.some.config.option", "some-value")
  .getOrCreate()
```

使用 SparkSession 对象的方法 builder 能够得到 Builder 实例，builder 方法的内部定义如下。

```
def builder(): Builder = new Builder
```

得到 Builder 实例后，使用该实例的方法 appName 来指定构建的 Spark SQL 应用的名称，该方法会再次返回当前 Builder 实例，下面是该方法的定义。

```
def appName(name: String): Builder = config("spark.app.name", name)
```

在上面的定义中，appName 方法的返回值为当前 Builder 实例，而内部逻辑实际就是调用它自身的 config 方法。config 方法配置了一个 spark.app.name 参数，其值为应用的名称。读者可以使用 appName 方法设置应用的名称，也可以直接通过 config 方法指定 spark.app.name 配置来指定应用的名称。

在官方实例 appName 方法后使用 config 方法指定 Spark 相关配置，该方法的定义如下。

```
def config(key: String, value: String): Builder = synchronized {
  options += key -> value
  this
}
def config(key: String, value: Long): Builder = synchronized {
  options += key -> value
  this
}
def config(key: String, value: Double): Builder = synchronized {
  options += key -> value
```

```
    this
  }
  def config(key: String, value: Boolean): Builder = synchronized {
    options += key -> value
    this
  }
  def config(conf: SparkConf): Builder = synchronized {
    conf.getAll.foreach { case (k, v) => options += k -> v }
    this
  }
```

该方法的定义重载了多次，都是用来指定参数。前面几种都是指定一个参数和值，只不过根据不同值的类型重载了多次；而最后一种是直接用 SparkConf（用来存放 Spark 配置）对象一次设置多个参数和值。

config 方法后使用了 getOrCreate 方法，这也是最重要、最核心的方法之一。该方法将会返回基于以上设置的 SparkSession 实例，其定义如下。

```
def getOrCreate(): SparkSession
```

由于该方法的内部逻辑较为复杂，因此这里并没有写出内部的逻辑代码。内部的逻辑大体意思是如果缓存中已经有创建的 SparkSession，则直接获取该 SparkSession，否则构建一个 SparkSession，并放入缓存中，同时添加一个监听器；如果应用运行结束，则清除缓存。

下面以一个实例来说明，代码如下。

```
def newSparkSession(appName: String, isHive: Boolean = false) = {
  val builder = SparkSession
    .builder()
    .appName(appName)
    .master("local")
    .config("spark.sql.warehouse.dir", warehouse)
  if (isHive) {
    builder.enableHiveSupport()
  }
  builder.getOrCreate()
}
```

在该实例中，封装了一个名为 newSparkSession 的方法。该方法有两个参数，分别为应用名称和是否开启 Hive 支持（默认关闭）。在该方法的内部，其实就是使用 SparkSession 的 Builder 创建 SparkSession。在内部逻辑中，应用名称使用方法传递进来的名称，而 master 方法的作用是指定运行模式。

master 方法可以指定 local、spark://host:port 等模式，其中 local 表示使用本地运行模式，而 spark://host:port 表示使用 Spark 自身的 Standalone 运行模式。对于本地运行模式，指定 local 表示只使用本机 CPU 的一个核，也可以通过 local[num] 的方式显式指定使用多少核，如 local[2] 表示只使用两个核，local[*] 表示使用本机所有的 CPU 可用核数。

上面实例的最后使用了 config 方法指定参数 spark.sql.warehouse.dir。虽然表面上看起来该参数没什么作用，但是一旦使用了 Hive 且 Spark 识别了 Hive，那么该参数就有作用了，具体逻辑如下。

当没有部署 Hive 时，Spark 会使用内置 Hive，但是会将元信息放在 spark_home/bin 目录下而不是该参数指定的目录下，这也就是为什么配置了 spark.sql.warehouse.dir 却不起作用的原因。就算部署了 Hive，也需要 Spark 识别到 Hive，否则 Spark 还是会使用 Spark 内置默认的 Hive。

使用第二个参数 isHive 来判断是否开启 Hive 的支持与识别，关键方法 enableHiveSupport 的作用就是决定是否开启 Hive 支持，一旦执行该方法则表示开启 Hive 支持。最后使用 getOrCreate 方法得到 SparkSession 实例并返回。

该方法只是简单的封装，仅供测试使用。

5.2.3 SparkSession 参数设置

要设置 SparkSession 的参数，可以在创建它的时候通过 Builder 类的 config 方法设置，也可以在得到 SparkSession 实例后再通过 spark.conf.set 来设置。这里的 spark 表示 SparkSession 实例，下面是得到 SparkSession 实例后参数的设置方式。

```
spark.conf.set("spark.sql.shuffle.partitions", 6)
spark.conf.set("spark.executor.memory", "2GB")
```

spark.sql.shuffle.partitions 表示在 Shuffle 数据过程中聚合连接时的分区数，而 spark.executor.memory 表示指定每一个 Executor 进程使用的内存。

可以使用 conf 对象的 getAll 方法获取设置的参数，如下所示。

```
val configMap:Map[String, String] = spark.conf.getAll()
```

这里返回的是一个包含所有配置的 Map，可以使用 Scala 的迭代器来读取 configMap 中的数据。

5.2.4 SparkSession 元信息读取

读者可以通过 SparkSession 获取元信息（catalog），如下所示。

```
spark.catalog.listDatabases.show(false)
spark.catalog.listTables.show(false)
```

这里返回的都是 Dataset，所以可以根据需要再使用 Dataset API 来读取。

catalog 和 schema 是两个不同的概念，catalog 中返回的是数据库或表自身的元信息，而不是 schema 中的表结构元信息。

5.3 DataFrame

DataFrame 最早叫 SchemaRDD，在 Spark 1.3.0 后被重命名为 DataFrame。它也不再继承 RDD（SchemaRDD 是直接继承自 RDD），而是自己实现了 RDD 的一些方法。

DataFrame 和传统数据库的表类似，有对应的字段名和类型（这些信息就是 DataFrame 的 Schema 元信息），是基于 RDD 的分布式数据集。

5.3.1 深入理解 DataFrame

DataFrame 与 RDD 类似，DataFrame 也是一个分布式数据容器。然而 DataFrame 更像传统数据库的二维表格，除了数据以外，还记录数据的结构信息，即 schema。与 Hive 类似，DataFrame 也支持嵌套数据类型（struct、array 和 map）。从 API 易用性的角度上看，DataFrame API 提供的是一套高层的关系操作，比函数式的 RDD API 要更加友好，且门槛更低。由于与 R 语言和 Pandas 的 DataFrame 类似，Spark DataFrame 很好地继承了传统单机数据分析的开发体验。图 5-1 所示为 RDD 与 DataFrame 的区别。

	Name	Age	Height
Person	String	Int	Double
Person	String	Int	Double
Person	String	Int	Double
Person	String	Int	Double
Person	String	Int	Double
Person	String	Int	Double
RDD[Person]		DataFrame	

图 5-1　RDD 与 DataFrame 的区别

图 5-1 左侧的 RDD[Person]虽然以 Person 为类型参数，但 Spark 框架本身并不了解 Person 类的内部结构；而右侧的 DataFrame 却提供了详细的结构信息，使得 Spark SQL 可以清楚地知道该数据集中包含哪些列，每列的名称和类型各是什么。DataFrame 中的数据结构信息称为 Schema。RDD 是分布式的 Java 对象的集合，而 DataFrame 是分布式的 Row 对象的集合。DataFrame 除了提供比 RDD 更丰富的算子以外，更重要的是提升了执行效率、减少了数据读取以及优化了执行计划，如 filter 下推、裁剪等。

DataFrame 为数据提供了 Schema 的视图，可以把它当作数据库中的一张表来对待。DataFrame 和 RDD 一样也是懒执行的，但性能要比 RDD 高，主要原因如下。

（1）RDD 数据都放在堆内存中，内存管理、回收、分配并不是由 Spark 管理，而是由 Java（GC，垃圾回收）管理。因为 Spark 不是直接的内存管理者，所以有时候会出现资源不一致的问题。

（2）DataFrame 数据以二进制的方式存于非堆内存中，除了节省大量空间之外，还摆脱了 GC 的限制。

5.3.2 DataFrame 的优缺点

1. 优点

DataFrame 引入了 Schema 和 off-heap，下面将分别介绍它们。

（1）Schema。

Schema 就是对 DataFrame 数据的结构信息进行描述。当对数据进行序列化时，无须再对数据的结构进行序列化，只需要对数据本身进行序列化就可以了，以减少数据的网络传输。

从某种程度来说，Schema 解决了 RDD 在对数据进行序列化和反序列化时性能开销很大这个问题。

（2）off-heap。

直接使用操作系统的 off-heap 内存，而不是使用 JVM 堆中的内存来构建大量的对象，解决了 RDD 在堆中频繁创建大量的对象而造成的 GC 这个问题。

2．缺点

DataFrame 虽说引入了 Schema 和 off-heap 来解决 RDD 具有的一些问题，但是却失去了 RDD 的优点。它的缺点如下。

（1）编译时不再是类型安全。

（2）不具备面向对象编程这种风格。

5.3.3　DataFrame 的演变过程

1．MR 编程模型→DAG 编程模型

读者应该知道 MR 编程模型性能较低，因此 DAG 编程模型较 MR 编程模型有诸多改进。

（1）支持更多的算子。

DAG 编程模型有丰富多样的算子，如 filter、map 等算子，而 MR 编程模型仅支持 map 和 reduce 两种算子。

（2）更加灵活的存储机制。

MR 编程模型的运行需要资源管理器 Yarn，在运行过程中，需要借助 HDFS 存储。RDD 支持本地硬盘存储、缓存存储以及混合存储 3 种模式，使用时可以进行选择。HDFS 存储需要将中间数据存储多份（备份机制），而 RDD 则不需要，这是 DAG 编程模型效率高的一个重要原因。

（3）并发性。

DAG 编程模型具有更细粒度的任务并发，不再像 MR 编程模型那样每次运行一个任务就要开启一个 JVM 进程。

（4）容错性。

DAG 编程模型具有很好的容错性，一个任务即使中间断掉了，也不需要从头再计算一次。

（5）延迟机制。

延迟机制一方面可以使同一个 Stage 的操作合并并同时作用在一个分区数据上，和传统的数据先执行某个操作再执行下一个操作这种流水式有很大的区别，可以大大地提升执行效率；另一方面，也给了开发人员一种优化的可能性。

上面所提到的这些改进使得 DAG 编程模型相比 MR 编程模型在性能上有 10～100 倍的提升。当然，DAG 编程模型也不是完美的，因为开发人员手动编写 RDD 的程序或多或少都会存在某些问题，性能较难达到最优。这也是为什么又再一次进行了一次演变，也就是从 DAG 编程模型进化到 DataFrame 编程模型。

2. DAG 编程模型→DataFrame 编程模型

DataFrame 比 RDD 增加了 Schema 的概念，它和关系数据库中的表的概念类似。图 5-2 所示为 RDD 和 DataFrame 数据结构的对比。

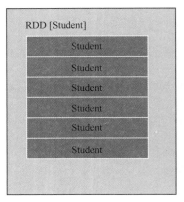

图 5-2　编程模型对比

从表面上看，DataFrame 只是比 RDD 多了一个表头，但也仅仅就是因为这个小小的变化而带来了很多优化的空间，使其具备以下几个特点。

（1）DataFrame 特点一。

RDD 的每一行数据都是一个整体，开发人员由于不清楚内部组织形式，因此对内部数据的操作能力很差。这也使 RDD 相关 API 操作粒度较粗，大部分操作还是需要开发人员自己开发，如 map、filter 操作等。但是 DataFrame 不同，它对一行中的每列都进行了描述，每列都有对应的数据格式，和关系数据库中的表类似，数据粒度相对更细，所以能够支持更细粒度的操作，如 select、group by、where 操作等。当然，更重要的是 DataFrame 的表达能力远远高于 RDD。

（2）DataFrame 特点二。

由于 DataFrame 有 Schema，因此数据的转换是类型安全的，这对复杂的计算及调试过程是十分有利的。如果数据类型不匹配，会在编译阶段被检查出来。对于不合法的数据文件，DataFrame 也有一定的识别能力。

（3）DataFrame 特点三。

因为 Schema 的存在，DataFrame 采用的是列式数据存储方式。该方式相对传统的行式存储而言具备诸多好处。首先，同一种类型的数据存储在一起可以进行压缩，且压缩率高。数据的压缩不仅可以提升带宽的吞吐，还能够节约存储空间，对 Spark 这种大规模内存计算平台来说有非常大的好处。其次，列式存储还能减少查询时的 IO，因为开发人员很多时候只是查询某些字段，而不是所有字段数据，列式存储能够只检索需要的字段而不是像行存储一样所有字段都要检索。

（4）DataFrame 特点四。

DAG 因为需要开发人员编写 RDD 程序，所以程序的性能优劣取决于开发人员的开发经验。而 DataFrame 编程模型因为有 Catalyst 优化器，所以能够对开发人员编写的 DataFrame

程序进行优化并得到最优的执行计划。这种优化的执行计划的性能比开发人员手写的肯定要好一些，图 5-3 所示为官方测试对比。

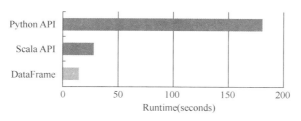

图 5-3　官方测试对比

RDD 和 DataFrame 的关系可以理解为汇编语言与 Java 语言的关系。当实现同一个功能时，如果用汇编语言实现，会写大量的代码且不一定是最好的；而 Java 语言是高级语言，其内部封装了许多工具，且经过 JVM 优化，所以可以用更少的代码实现更优的功能。

5.3.4　DataFrame 的使用形式

首先，利用 SQLContext（Spark 2.0 后使用 SparkSession）从外部数据源加载数据来创建 DataFrame。然后，利用 DataFrame 上丰富的 API 进行查询、转换。最后，对结果进行展现或存储为各种外部数据形式，如图 5-4 所示。

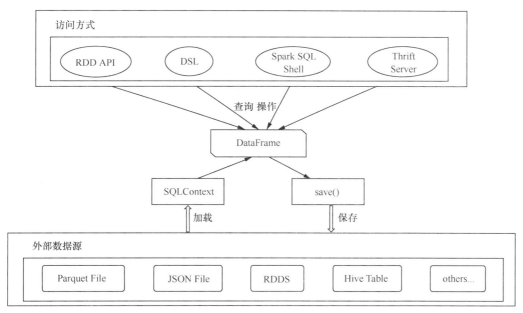

图 5-4　DataFrame 的使用形式

5.3.5　创建 DataFrame

在 Spark SQL 中，DataFrame 是一种以 RDD 为基础的分布式数据集，类似于传统数据库中的二维表格。DataFrame 与 RDD 的主要区别在于前者带有 Schema 元信息，即 DataFrame

所表示的二维表数据集的每一列都带有名称和类型；而 RDD 由于无从得知所存数据元素的具体内部结构，因此 Spark Core 只能在 Stage 层面进行简单、通用的流水线优化。下面是 DataFrame 创建的实例。

```
case class People_1(name: String,age: Int, sex: Int)
val ssc = newSparkSession("SparkSQL_DataFrame")
val peopleList_1 = List(
People_1("Michael", 21, 0),
    People_1("Andy", 38, 0),
    People_1("Justin", 18, 1)
)
val df = ssc.createDataFrame(peopleList_1)
```

上述代码首先创建了一个样例类（样例类是 Scala 语法中定义的，可以理解为 Java 中一个含有 getter 和 setter 的基本属性的 model 类）。然后使用自己定义的 newSparkSession 方法（之前实例中有内部逻辑）创建了 SparkSession 实例 ssc，同时构建了一个含有多个样例类实例的 List。最后使用 createDataFrame 创建了一个 DataFrame 实例 df，而该实例中的数据就是本地代码 List 中的数据。简单来说，就是 SparkSession 通过加载本地 List 数据创建了 DataFrame 实例。

Spark SQL 支持多种 DataFrame 数据源，如图 5-5 所示。

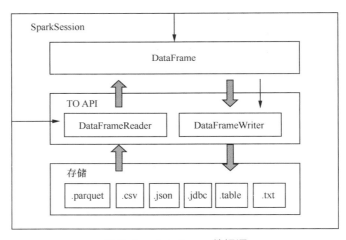

图 5-5　DataFrame 数据源

从图 5-5 中可以看到有粗箭头和细箭头两种箭头，其中细箭头表示提供构造实例的方法，粗箭头表示数据的流向。

DataFrame 通过粗箭头到 DataFrameWriter，最后到存储的过程，表示数据从内存通过 DataFrameWriter 流向存储。而 SparkSession 通过细箭头到 DataFrameReader，表示从 SparkSession 对象创建 DataFrameReader。下面将分别为读者介绍通过不同数据源创建 DataFrame 的方法。

1. 基于 Scala 数据集创建 DataFrame

Spark SQL 提供了基于 Scala 数据集创建 DataFrame 的方法，定义如下。

```
def createDataFrame[A <: Product : TypeTag](data: Seq[A]): DataFrame
```

读者可以根据 Scala 数据集 List 创建 DataFrame,代码如下。

```
val peopleList = List(Student("Michael", 21, 0),
                      Student("Andy", 38, 0),
                      Student("Justin", 18, 1))
ss.createDataFrame(peopleList).show()
```

还可以根据 Seq 数据集创建 DataFrame,代码如下。

```
val peopleList = Seq(Student("Michael", 21, 0),
                     Student("Andy", 38, 0),
                     Student("Justin", 18, 1))
ss.createDataFrame(peopleList).show()
```

其中 Student 为 case class 类,代码如下。

```
case class Student(name: String, age: Int, sex: Int)
```

输出结果如下。

```
+-------+----+--------+
|     id|name|students|
+-------+----+--------+
|Michael|  21|       0|
|   Andy|  38|       0|
| Justin|  18|       1|
+-------+----+--------+
```

2. 基于 RDD 创建 DataFrame

Spark SQL 提供了基于 RDD 创建 DataFrame 的方法,代码如下。

```
def createDataFrame(rowRDD: RDD[Row], schema: StructType): DataFrame
def createDataFrame(rdd: RDD[_], beanClass: Class[_]): DataFrame
```

读者可以通过 RDD 并结合 Schema 创建 DataFrame,代码所示。

```
    val rdd = ss.sparkContext.makeRDD(List(("Michael", 21, 0),
                                           ("Andy", 38, 0),
                                           ("Justin", 18, 1)))
    val rowRDD = rdd.map(x => Row(x._1, x._2.toInt, x._2.toInt))
    val schema = StructType(List(StructField("name", StringType, true),
                                 StructField("age", IntegerType, true),
                                 StructField("sex", IntegerType, true)
    ))
    ss.createDataFrame(rowRDD, schema).show()
```

也可以通过 RDD 与实体类创建 DataFrame,代码所示。

```
var rdd:RDD[Classes]= ss.sparkContext.parallelize(Array(
    "ClassId-1 ClassName-1 30",
    "ClassId-2 ClassName-2 32",
    "ClassId-3 ClassName-2 35"
)).flatMap(line =>{
    var arr = line.split("\\s+")
```

```
      val id = arr(0).toString
      val name = arr(1).toString
      val students = arr(2).toInt
      Array(Classes(id, name, students))
    })
    ss.createDataFrame(rdd, Class.forName("com.spark.sql.learn.dataframes.rdds.Classes")).show()
```

其中 Classes 为伴生类和伴生对象，代码如下。

```
package com.spark.sql.learn.dataframes
class Classes(id:String, name:String, students:Int) {
  def this() {
    this(null, null, 0)
  }
  def getId: String = id
  def getName: String = name
  def getStudents: Int = students
}
object Classes {
  def apply() = {
    new Classes()
  }
  def apply(id:String, name:String, students:Int) = {
    new Classes(id, name, students)
  }
}
```

输出结果如下。

```
+---------+-----------+--------+
|       id|       name|students|
+---------+-----------+--------+
|ClassId-1|ClassName-1|      30|
|ClassId-2|ClassName-2|      32|
|ClassId-3|ClassName-2|      35|
+---------+-----------+--------+
```

3. 基于 TXT 格式数据创建 DataFrame

文本文件是一种由若干行字符构成的计算机文件，存在于计算机文件系统中，通常在文本文件最后一行后放置文件结束标志来指明文件的结束。一般来说，计算机文件可以分为文本文件和二进制文件两类。

Spark SQL 提供了基于 TXT 格式文件创建 DataFrame 的方法，代码如下。

```
def textFile(
    path: String,
    minPartitions: Int = defaultMinPartitions): RDD[String]
def text(path: String): DataFrame
```

读者可以通过 textFile 方法创建 DataFrame，代码所示。

```
import ss.implicits._
```

```
val studentRdd = ss.sparkContext.textFile(
this.getClass.getClassLoader.getResource("student.txt").getPath)
val studentDf = studentRdd
                .map(_.split(","))
                .map(x => Student(x(0).trim.toString,
                                  x(1).trim.toInt,
                                  x(2).trim.toInt)).toDF()
studentDf.show()
```

输出结果如下。

```
+-------+---+---+
|   name|age|sex|
+-------+---+---+
|Michael| 21|  0|
|   Andy| 38|  0|
| Justin| 18|  1|
+-------+---+---+
```

读者还可以通过 text 方法创建 DataFrame，代码所示。

```
val studentDf2 = ss.read.text(
this.getClass.getClassLoader.getResource("student.txt").getPath)
studentDf2.show()
```

输出结果如下。

```
+--------------+
|         value|
+--------------+
|Michael, 21, 0|
|   Andy, 38, 0|
| Justin, 18, 1|
+--------------+
```

其中 Student 为 case class（Scala 样例类），代码如下。

```
case class Student(name: String, age: Int, sex: Int)
```

其中文本文件 student.txt 的内容如下。

```
Michael, 21, 0
Andy, 38, 0
Justin, 18, 1
```

4．基于 CSV 格式数据创建 DataFrame

逗号分隔值（Comma-Separated Values，CSV）文件以纯文本形式存储表格数据，有时也称为字符分隔值文件，因为分隔字符可以不是逗号。CSV 文件由任意数目的记录组成，记录间以某种换行符分隔；每条记录由字段组成，字段间的分隔符是其他字符或字符串，最常见的是逗号或制表符。通常，所有记录都有完全相同的字段序列。

Spark SQL 提供了基于 CSV 格式文件创建 DataFrame 的方法，代码如下。

```
def csv(path: String): DataFrame
```

读者可以通过 CSV 方法创建 DataFrame，代码如下。

```
val ss = newSparkSession
val schema = StructType(
        StructField("name", StringType)::
        StructField("age", IntegerType)::
        StructField("job", StringType)::
        Nil
    )
val peopleDf = ss.read
                  .schema(schema)
                  .option("header", true)
                  .csv(this.getClass.getClassLoader.getResource
                  ("people.csv").getPath)
peopleDf.show()
```

输出结果如下。

```
+-----+---+---------+
| name|age|      job|
+-----+---+---------+
|Jorge| 30|Developer|
|  Bob| 32|Developer|
+-----+---+---------+
```

其中 CSV 文件 people.csv 的内容如下。

```
"name","age","job"
"Jorge","30","Developer"
"Bob","32","Developer"
```

5. 基于 JSON 格式数据创建 DataFrame

读者在掌握以 JSON 作为数据源之前，需要知道什么是 JSON。

首先 JSON 是一种轻量级的数据交换格式，全称为 JavaScript Object Notation，可以简单理解为一种由规范的文本文件来存储和表示数据的格式。JSON 是基于 ECMAScript（欧洲计算机协会制定的 JavaScript 规范）的一个子集，并且是完全独立于编程语言的。JSON 文件易于人们阅读和编写，同时也易于机器解析和生成，并有效地提升了网络传输效率。

例如，在文本文件中输入{"name": "spark"}，然后保存，它就是 JSON 格式的文件。这个 JSON 格式文件表示的是键（Key）为 name，值（Value）为字符串类型的 spark。在 JSON 中，键（Key）都是字符串类型，而值（Value）可以是字符串、数字，甚至是一个对象或数组。JSON 用花括号{}表示一个对象，用中括号[]表示一个数组，代码如下。

```
{
"name": "andy",
"age": 25,
"scores": {
"mat": 90,
"english": 88
},
"parent": [
```

```
        "father",
        "mother"
    ]
}
```

在上面这段 JSON 中，name 的值为字符串类型，age 的值为数字类型，scores 的值为对象类型（对象中还可以不断嵌套对象或数组），parent 的值为数组类型（数组中还可以不断嵌套对象和数组）。

读者可以通过如下示例代码来加载 JSON 数据。

```
val ssc = newSparkSession("SparkSQL_From_JSON")
val dataPath = this.getClass.getClassLoader
    .getResource("SparkSQL/people.JSON").getPath()
val df = ssc.read.JSON(dataPath)
```

关键方法即为 ssc.read.JSON。对 Spark SQL 来说，所有的数据源都可以在 SparkSession 的 read 方法返回的 DataFrameReader 对象的方法中找到。这里需要加载 JSON 数据，所以使用 read 的 JSON 方法，参数为 JSON 数据源路径。除了可以使用这种方式加载 JSON 数据外，还可以使用以下方式。

```
val ssc = newSparkSession("SparkSQL_From_JSON")
val dataPath = this.getClass.getClassLoader
    .getResource("SparkSQL/people.json").getPath()
val df = ssc.read.format("json").load(dataPath)
```

这种方式和之前的方式是一样的，使用 read 的 format 方法指定数据格式为 JSON，再使用 load 方法加载数据即可。实际上，之前使用的 ssc.read.json 方法在本质上也是在 format 方法后执行 load 方法，json 方法的源码如下。

```
def json(paths: String*): DataFrame = format("json").load(paths : _*)
```

6. 基于 ORC 格式数据创建 DataFrame

ORC 的全称是 Optimized Row Columnar。ORC 文件格式是列式存储格式，产生于 2013 年初，最初它的产生是为了减少 Hadoop 数据占用的存储空间和加快 Hive 查询速度。和 Parquet 类似，它并不是一个单纯的列式存储格式，而是根据行组分割整个表，再在每一个行组内进行按列存储。ORC 目前被 Spark SQL、Presto 等查询引擎支持，但是 Impala 还没有支持，仍然使用 Parquet 作为主要的列式存储格式。2015 年，ORC 项目被 Apache 项目基金会提升为 Apache 顶级项目。ORC 具有以下一些优势。

（1）ORC 是列式存储，有多种文件压缩方式，并且有很高的压缩比。

（2）ORC 文件是可切分（Split）的。在 Hive 中使用 ORC 作为表的文件存储格式不仅可以节省 HDFS 存储资源，还可以减少查询任务的输入数据量和使用的 MapTask。

（3）提供了多种索引，如 row group index（行组索引）、bloom filter index（布隆过滤索引）等。

（4）ORC 可以支持复杂的数据结构，如 Map 等。

Spark SQL 提供了基于 ORC 格式文件创建 DataFrame 的方法，代码如下。

```
def orc(path: String): DataFrame
```

读者可以通过 orc 方法创建 DataFrame，代码如下。

```
val usersDf = ss.read
    .orc(this.getClass.getClassLoader.getResource("users.orc").getPath)
usersDf.show()
```

输出结果如下。

```
+------+--------------+----------------+
|  name|favorite_color|favorite_numbers|
+------+--------------+----------------+
|Alyssa|          null|  [3, 9, 15, 20]|
|   Ben|           red|              []|
+------+--------------+----------------+
```

7. 基于 Parquet 格式数据创建 DataFrame

2010 年，Google 发表了一篇论文 *Dremel: Interactive Analysis of Web-Scale Datasets*。这篇论文提到了 Google 的 Dremel 系统，介绍了它是如何采用列式存储方式来管理嵌套数据的。

那么什么是列式文件呢？在关系数据库中，数据是按行存储的，也就是说一条数据就是一行数据，所以在行式存储中，一行数据在文件中是连续的。而列式存储实际上就是将数据按列存储到文件中，保证了一列数据在一个文件中是连续的。

Parquet 是 Dremel 的开源实现，是一种列式存储文件格式。后来作为 Apache 顶级项目被 Spark 吸收作为 Spark 的默认数据源，在不指定读取和存储格式时，默认就是读写 Parquet 格式的文件。读取 JSON 文件时，使用了 format 方法来改变这种默认行为。Parquet 文件的存储格式如图 5-6 所示。

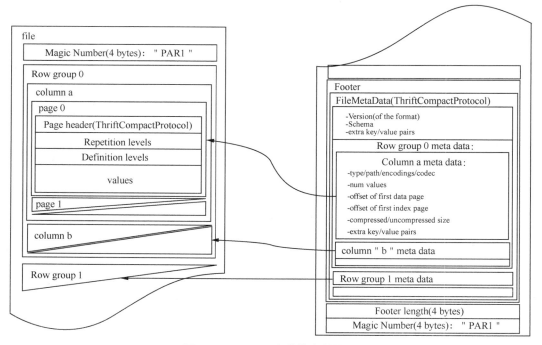

图 5-6　Parquet 文件的存储格式

简单来说，Parquet 文件中保存了一批数据，而这些数据按行横向切分成多个 row group，所以 Parquet 文件由多个 row group 组成，每个 row group 都包含一或多条数据。一个 row group 包括了多个 column，每个 column 对应一个 page，也就是说一个 row group 有多少个 column 就有多少个 page，而所有 row group 相同 column 的 page 构成 column chunk。所以说一个 column chunk 就是这些数据某个 column 的所有数据集，而每一个 column chunk 的数据按行切分成多个 page 分散在各个 row group 中，一个 page 就是最小的处理单元，可以被编码或者压缩。需要注意的是，Parquet 文件是二进制文件。

了解了 Parquet 文件，那么如何加载 Parquet 文件呢？一种方式是，Spark 读取的数据源即为 Parquet 文件格式，代码如下。

```
val df = ssc.read.load("SparkSQL/people.parquet")
```

另外一种方式就是像之前读取 JSON 格式数据一样，使用对应的 parquet 方法，代码如下。

```
val df = ssc.read.parquet("SparkSQL/people.parquet")
```

8. 基于 JDBC 数据创建 DataFrame

JDBC（Java DataBase Connectivity）意为 Java 数据库连接。它由一组使用 Java 语言编写的类与接口组成，是一种用于执行 SQL 语句的 Java API，为多种关系数据库提供统一访问接口，并且也可以基于 JDBC 规范构建更高级的工具和接口。有了 JDBC，数据库开发人员就能编写数据库应用程序。需要注意的是，数据库厂商或第三方中间厂商根据该接口规范提供了针对不同数据库的具体实现——JDBC 驱动。

使用 JDBC 连接数据库时，需要使用用户名、密码等连接属性。同理，使用 Spark SQL 以 JDBC 数据库作为数据源时也需要指定相应的连接属性。除此之外，需要注意的是，如果要以 JDBC 数据库作为数据源，则需要添加对应类型数据库的 JDBC 驱动。下面是以 JDBC 数据库为数据源的示例。

```
val ssc = newSparkSession("SparkSQL_From_JDBC")
val url = "jdbc:mysql://master.testSpark:3306/dtinone"
val table = "hosts"
val properties = new Properties()
properties.put("user", "root")
properties.put("password", "testSpark")
val df = ssc.read.jdbc(url, table, properties)
```

上面实例中，指定了相关 JDBC 连接的属性，连接的是 MySQL 数据库。而这些属性放入 Properties 实例中，通过 read 的 jdbc 方法即可将指定表的数据加载到 DataFrame 中。

9. 基于 HBase 数据创建 DataFrame

HBase 是一个分布式的、多版本的、面向列的开源数据库，它有如下特点。

（1）大。

一个表可以有数十亿行、上百万列。

（2）无模式。

每行都有一个可排序的主键和任意多的列，列可以根据需要动态地增加，同一张表中不同的行可以有截然不同的列。

（3）面向列。

HBase 具备面向列（族）的存储和权限控制，可以基于列（族）进行独立检索。

（4）稀疏。

HBase 对于空（Null）的列并不占用存储空间，因此表可以设计得非常稀疏。

（5）数据多版本。

每个单元中的数据可以有多个版本，默认情况下版本号自动分配，它以单元格插入时的时间戳作为版本。

（6）数据类型单一。

HBase 中的数据都是字节，任何类型都需要转换为字节进行存储。HBase 与关系数据库的对比如表 5-2 所示。

表 5-2　　　　　　　　　　HBase 与关系数据库的对比

对比项	HBase	RDBMS
数据类型	字节数组	丰富的数据类型
数据操作	简单地增删改查	各种各样的函数，表连接
存储模式	基于列存储	基于表格结构和行存储
数据保护	更新后旧版本仍然会保留	替换
可伸缩性	可轻易地增加节点，兼容性高	需要中间层，牺牲功能

HBase 中的数据存储方式如图 5-7 所示。

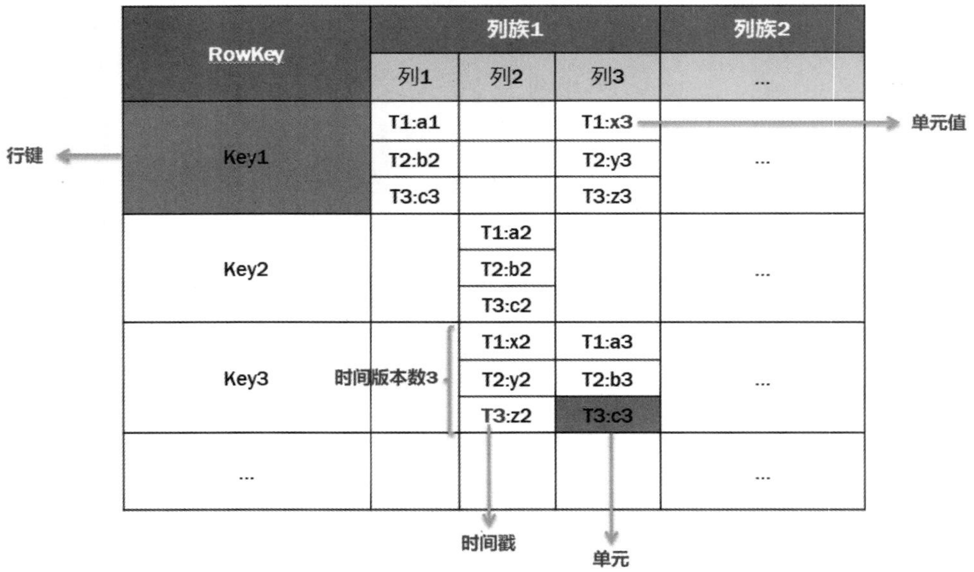

图 5-7　HBase 中的数据存储方式

以上仅仅是对 HBase 做扩展了解，如果需要通过 Spark SQL 将 HBase 中的表加载形成

DataFrame，可以采用以下代码中的方式。

```
case class Value(rowKey: String, value: String)
val transformation = (kv: (ImmutableBytesWritable, Result)) => {
    val rowKey = Bytes.toString(kv._1.copyBytes())
    val value = Bytes.toString(
        kv._2.getValue(
            Bytes.toBytes("testColFamily"), Bytes.toBytes("testCol")
        )
    )
    Value(rowKey, value)
}
val ssc = newSparkSession("SparkSQL_From_Hbase")
import ssc.implicits._
val that: Configuration = new Configuration()
val zkIp = "master.testSpark"
that.set("hBase.zookeeper.quorum", zkIp)
that.set("hBase.zookeeper.property.clientPort", "2181")
that.set("zookeeper.znode.parent", "/hbase-unsecure")
val scan = new Scan()
scan.addFamily(Bytes.toBytes("cfn"))
scan.addFamily(Bytes.toBytes("cfName"))
val tableName = "testSpark"
val conf = HBaseConfiguration.create(that)
conf.set(TableInputFormat.INPUT_TABLE, tableName)
val proto = ProtobufUtil.toScan(scan)
val scanToString = Base64.encodeBytes(proto.toByteArray())
conf.set(TableInputFormat.SCAN, scanToString)
val RDD = ssc.sparkContext.newAPIHadoopRDD(
    conf,
    classOf[TableInputFormat],
    classOf[ImmutableBytesWritable],
    classOf[Result]
)
val hbaseDF = RDD.map(transformation).toDF()
```

上面的代码示例中，首先创建了 Configuration 对象，该对象设置了相关的 HBase 连接参数。其次，为了加载 HBase 表的数据，创建了 Scan 对象，该对象设置了要加载哪些数据，这里只设置了加载哪些列（族）的数据，并没有设置其他过滤条件。将 Scan 对象通过 Protobuf 进行序列化，并使用 Base64 对其编码形成字符串，最后将该序列化并编码后的值设置到 Configuration 中（内部会按相同方式进行解析）。最后使用 SparkSession 下的 SparkContext 的核心方法 newAPIHadoopRDD 来对数据进行加载。

 上述方式实际上用的是 Spark Core 的 API 来加载 HBase 数据，最后将数据转换后通过 toDF 方法将 RDD 转换为 DataFrame。

10．基于 Hive 数据创建 DataFrame

（1）什么是 Hive？

- Hive 是构建在 Hadoop 之上的数据仓库平台。

- Hive 是一个 SQL 解析引擎,它将 SQL 语句转译成 MapReduce 作业并在 Hadoop 上执行。
- Hive 表是 HDFS 的一个文件目录，一个表名对应一个目录名。如果有分区表的话，则分区值对应子目录名。

（2）Hive 的由来。

Hive 是 Facebook 开发的，是构建于 Hadoop 集群之上的数据仓库应用。2008 年，Facebook 将 Hive 项目贡献给 Apache，成为开源项目。

Hadoop 和 Hive 成为 Facebook 数据仓库发展史的重要组成，如图 5-8 所示。

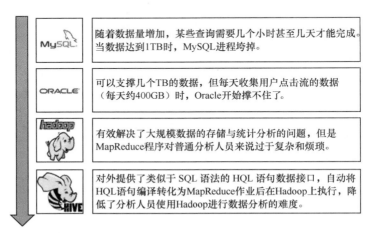

图 5-8　数据仓库的发展史

（3）Hive 的运行机制。

- 用户通过接口连接 Hive，发布 Hive SQL。
- Hive 解析查询并制订查询计划。
- Hive 将查询转换成 MapReduce 作业。
- Hive 在 Hadoop 上执行 MapReduce 作业。

Hive 的运行机制如图 5-9 所示。

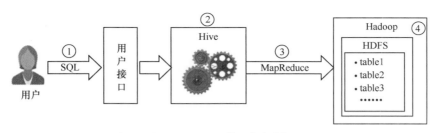

图 5-9　Hive 的运行机制

11．基于 MongoDB 数据创建 DataFrame

MongoDB 是一个高性能、开源、无模式的文档型数据库，在许多场景下可用于替代传统的关系型数据库或键/值存储方式。MongoDB 不支持 SQL，但有一个功能强大的查询语法。

MongoDB 使用 BSON 作为数据存储和传输的格式。BSON 是一种类似 JSON 的二进制序列化文档，支持嵌套对象和数组，其体系架构如图 5-10 所示。

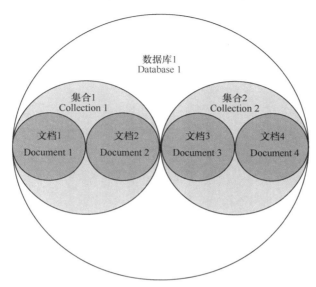

图 5-10　MongoDB 的体系架构

MongoDB 数据库是由一系列与磁盘有关的物理文件组成的。

MongoDB 的逻辑结构是一种层次结构，主要由文档（Document）、集合（Collection）、数据库（Database）这 3 部分组成。逻辑结构是面向用户的，用户使用 MongoDB 开发应用程序使用的就是逻辑结构。

- MongoDB 的文档（Document）相当于关系数据库中的一行记录。
- 多个文档（Document）组成一个集合（Collection），相当于关系数据库中的表。
- 多个集合（Collection）组织在一起就是数据库（Database）。
- 一个 MongoDB 实例支持多个数据库（Database）。

MongoDB 为 Spark SQL 开发提供了读写插件，以方便 Spark SQL 用户快速读写 MongoDB，插件为 org.mongodb.spark、mongo-spark-connector_scala。

使用 Spark SQL 创建基于 MongoDB 的 DataFrame 非常容易，方法如下。

```
val urlstr="mongodb://${user}:${password}@${ip}:${port}/${dbname}.${tableName}"
val df = ss.read.format("com.mongodb.spark.sql")
         .options(Map("spark.mongodb.input.uri"->urlstr)).load()
```

其中，${}包含的内容需要开发人员根据实际情况指定，它们的具体含义如下。

${user}：访问 MongoDB 数据库的用户名称。
${password}：访问 MongoDB 数据库的密码。
${ip}：MongoDB 数据库的主机地址。
${port}：MongoDB 数据库的端口。
${dbname}：MongoDB 数据库的数据库名称。
${tableName}：MongoDB 数据库的表名称。

5.3.6　DataFrame 操作

创建 DataFrame 后，可以基于 DataFrame 进行操作。操作 DataFrame 的方式有两种，一种是基于 DSL 操作（Spark SQL 对 DataFrame 相关操作进行了封装，并提供了一套函数调用接口），另外一种与关系型数据库的操作基本一致，即直接使用 SQL 语句进行操作。接下来将学习以 DSL 方式来对 DataFrame 进行操作。

1. DataFrame 操作快速体验

创建完 DataFrame 后，就能够对其进行简单的操作了。代码如下。

```
println("df.printSchema()")
df.printSchema()
println("df.show()")
df.show()

println("df.head()=" + df.head())
println("df.first()=" + df.first())
println()
```

上述代码使用 printSchema 方法能够输出 DataFrame 中数据的 Schema 元信息，使用 show 方法能够输出 DataFrame 中的数据，而使用 head 和 first 方法能够获取第一条数据。下面是运行结果。

```
df.printSchema()
root
 |-- name: string (nullable = true)
 |-- age: integer (nullable = false)
 |-- sex: integer (nullable = false)

df.show()
+-------+---+---+
|   name|age|sex|
+-------+---+---+
|Michael| 21| 0 |
|   Andy| 38| 0 |
| Justin| 18| 1 |
+-------+---+---+

df.head()=[Michael,21,0]
df.first()=[Michael,21,0]
```

这里读者需要注意，当数据类型是样例类，并且使用 createDataFrame 方法创建时，它会自己根据样例类定义的属性和类型来生成 Schema 元信息并将该样例类的类型转换成 Row 类型（Spark SQL 自定义的类），因为在 DataFrame 中必须是该类型。如果数据的类型不是样例类而是其他自定义的类，则将无法自动生成 Schema 元信息，使用该方法就会报错。如果不使用样例类，能定义 Schema 信息吗？答案是肯定的，下面的实例将展示如何根据其他类型来创建 DataFrame。

```
val list = List("Michael,25", "Andy,30", "Justin,20")
val people = ssc.sparkContext.makeRDD(list)
val schema = StructType(
    List(
        StructField("name", StringType, true),
        StructField("age", IntegerType, true)
    )
)
val rowRDD = people.map(_.split(",")).map(x => Row(x(0), x(1).trim.toInt))
val peopleDataFrame = ssc.createDataFrame(rowRDD, schema)
```

从上面的实例可以看到，基于一个 List[String]集合创建了一个 RDD 实例 people。这个 RDD 中的数据类型都是字符串，并没有将姓名和年龄划分开，所以 RDD 实例 people 通过转换函数 map 将数据类型转换成 Row 类型（之前说过 DataFrame 的每一行的数据类型必须是 Row）。可以简单理解为 Row 是 Spark SQL 自定义的样例类，一个 Row 实例代表一行数据。该样例类有点类似 Map，一个 Row 可以存放多个字段数据。

现在有了数据且类型也为 Row，但还不够，因为需要 Schema 信息，因此实例中通过 StructType 和 StructField 来构建 Schema 信息（Schema 信息的类型就是 StructType）。在 StructType 中使用 StructField 类来构建每个字段相关的元信息，包含字段名称、字段类型及是否允许为空等属性。

最后依然使用 createDataFrame 方法来创建 DataFrame 实例，不同的是使用该方法传入的是 RDD[Row]和 Schema 信息。

2．Transformations 操作

（1）where 条件语句。

SQL 语法中，可以通过 where 条件语句对数据进行过滤，那么在 Spark SQL 中如何对数据进行过滤？该使用什么样的 DSL 函数来操作呢？下面将一一为读者进行介绍。

- where。

在 Spark SQL 中，同样可以像 SQL 一样使用 where 条件语句来对数据进行过滤。可以基于 DataFrame 对象的 DSL 方法 where 来进行数据的过滤。该方法的参数允许传入筛选条件表达式，并且同样可以在条件表达式中使用 and 或 or，下面是一个示例。

```
df.where("id = 1 or c1 = 'b'" ).show()
```

在上面的示例中，df 为 DataFrame，使用 df 的 where 方法传入了相关的条件表达式对数据进行过滤。这里表示的含义为过滤出 id 等于 1 或者 c1 等于 b 的数据，并通过 show 方法将数据展示出来。

- filter。

filter 方法和 where 方法类似，也是传入相应的条件表达式对数据进行过滤，实际上上面的 where 方法的内部也是调用 filter 方法来对数据进行过滤。

```
df.filter("id = 1 or c1 = 'b'" ).show()
```

上面示例的条件表达式和之前的 where 条件表达式一样，所以得到的结果也是一样的。

(2) 查询指定列（字段）。

在 SQL 中可以使用 select 方法来指定要获取的列（字段）值，同样，在 Spark SQL 中可以使用 select 方法来对列（字段）进行筛选。当然在 Spark SQL 中不仅仅只能使用 select 方法，也有其他的一些方法来获取指定列（字段）。

- select。

在 Spark SQL 中可以通过 select 方法来查询指定列（字段），该方法类似 SQL 中的 select 语句。

```
df.select( "id" , "c1" ).show()
```

上面示例中的 select 方法只查询列名为 id 和 c1 的值。Spark SQL 还提供了一个重载的 select 方法，该方法能够在 select 的列（字段）上实现类似 SQL 语句 select id, c1+1 from testSparkSQL 的功能。

```
df.select(df("id" ), df( "c1") + 1 ).show()
```

对于重载方法，它的参数不是传入 String 类型的参数，而是传入 Column 类型的参数。使用 df("id")的方式得到了 Column 对象，它借助了 DataFrame 的 apply 方法实现，而得到 Column 对象的方法可以是 apply 或 col 方法，一般用 apply 方法更简便。Column 类型提供了相应的一些针对字段的方法，如+方法。上述示例的 df("c1") + 1 逻辑中，本质上就是使用 Column 类型的+方法，参数为 1，返回一个新的 Column 对象作为参数传递进去。

- selectExpr。

selectExpr 方法和 select 方法的区别主要在于它可以对指定字段进行特殊处理，能够直接对指定字段调用 UDF 函数或指定别名等。它的参数类型是 String 类型而不是 Column 类型。

```
df.selectExpr("id", "c1 as time", "round(c2)").show()
```

查询 id、c1 和 c2 字段，其中 c1 字段取别名为 time，c2 字段四舍五入。

- col。

col 方法能够获取指定的列（字段），它和之前的 df("id")类似，参数是 String 类型，且只能获取一个字段，返回 Column 对象。

```
val idCol = df.col("id")
```

- apply。

apply 方法在之前的 select 重载方法中已经使用过。例如，df("id")实际上就是使用 apply 方法，等价于 df.apply("id")。

```
val idCol1 = df.apply("id")
val idCol2 = df("id")
```

实际就是利用了 Scala 中 apply 的特性。

- drop。

drop 方法能够去除指定的列（字段）。

```
df.drop("id")
df.drop(df("id"))
```

该方法返回新的 DataFrame，而新的 DataFrame 中将不会包含去除的列（字段）。需要注意的是，该方法可直接传入字符串类型的参数，也可以传入 Column 类型的参数，并且一次只能去除一个字段。

（3）limit 操作。

limit 方法用于限制返回的行记录，也就是说它能够获取指定 DataFrame 的前 n 行记录，这些数据将放入一个新的 DataFrame 对象中，然后返回。该方法和 take、head 不同的是，它不是 Action 操作。

```
df.limit(3).show()
```

（4）orderBy 操作。

类似 SQL，需要对数据进行排序时，可以使用 orderBy 操作。当然在 Spark SQL 的 DSL 操作中，除了可以使用 orderBy 方法进行排序，还可以使用 sort 方法。

- orderBy。

orderBy 方法能够使数据按指定字段排序，默认排序为升序排列。

```
df.orderBy("c1").show()
```

上述示例表示 DataFrame 中的数据按 c1 列（字段）升序排列。还可以使用以下方式进行升序排列。

```
df.orderBy(df("c1").asc).show()
```

上面的示例传入的参数类型是 Column 对象，并使用该方法的 asc 方法指定是升序排列（因为默认是升序排列，所以不使用 asc 方法也是一样的）。如果希望降序排列，该如何指定呢？看下面的示例。

```
df.orderBy(df("c1").desc).show()
```

降序排列实际上直接使用 Column 对象的 desc 方法即可。

- sort。

sort 方法和 sortBy 方法类似，可以使用字符串或 Column 对象作为参数。

```
df.sort("c1").show()
```

或如下。

```
df.sort(df("c1").asc).show()
```

上述示例表示按 c1 列（字段）升序排列。如若要降序排列，和 orderBy 方法类似，只需使用 Column 对象的 desc 方法即可。

```
df.sort(df("c1").desc).show()
```

- sortWithinPartitions。

sortWithinPartitions 方法和上面的方法类似，主要区别是该方法的排序是按 Partition 粒度排序的。对于升序排列，可以使用以下方式。

```
df.sortWithinPartitions("c1").show()
```

同样也可以显式指定 asc，如下所示。

```
df.sortWithinPartitions(df("c1").asc).show()
```

如果要降序排列数据,可以使用以下方式。

```
df.sortWithinPartitions(df("c1").desc).show()
```

(5) groupBy 操作。

在 SQL 中能够使用 group by 某个列(字段)对其进行分组操作,在 Spark SQL 中同样可以使用 groupBy 方法进行分组操作。groupBy 方法有两种调用方式,一种方式是传入 String 类型的字段名,另外一种方式是传入 Column 类型的对象,如下所示。

```
df.groupBy("c1")
df.groupBy(df("c1"))
```

该方法返回的是 RelationalGroupedDataset 对象,该对象提供了基于分组相关的聚合方法。相关聚合方法的介绍如下。

- max(colNames: String*)。

max(colNames: String*)方法能够基于已有分组进行最大值聚合,并取该集合内所有数字值或指定列(字段)的值的最大值。注意,该方法只能作用于数字型字段。

```
df.groupBy("c1").max()
```

- min(colNames: String*)。

min(colNames: String*)方法能够基于已有分组进行最小值聚合,并取该集合内所有数字值或指定列(字段)的值的最小值。注意,该方法只能作用于数字型字段。

```
df.groupBy("c1").min()
```

- avg(colNames: String*)。

avg(colNames: String*)方法能够基于已有分组进行平均值聚合,并取该集合内所有数字值或指定列(字段)的值的平均值。注意,该方法只能作用于数字型字段。

```
df.groupBy("c1").avg()
```

- mean(colNames: String*)。

和 avg 方法一样,mean(colNames: String*)方法取该集合内所有数字值或指定列(字段)的值的平均值。可以理解为它是 avg 方法的别名方法,两者在本质上是一样的。

```
df.groupBy("c1").mean()
```

- sum(colNames: String*)。

sum(colNames: String*)方法能够基于已有分组进行求和聚合,并取该集合内所有数字值或指定列(字段)的值的和值。注意,该方法只能作用于数字型字段。

```
df.groupBy("c1").sum()
```

- count()。

count()方法能够获取每个分组中的元素个数。

```
df.groupBy("c1").count()
```

(6) 去重操作。

在 SQL 中,如果要对返回的数据进行去重,只需要加上 distinct 即可对指定字段进行去重。同样,Spark SQL 也支持去重操作。

- distinct。

对 DataFrame 使用 distinct 方法后，将会返回一个不包含重复记录的 DataFrame。

```
df.distinct()
```

- dropDuplicates。

dropDuplicates 方法和 distinct 方法的作用类似，都是用于去重，只不过该方法能够根据指定字段去重。也就是说，只要指定的字段值重复，则认为该条数据是重复的。

```
df.dropDuplicates(Seq("c1"))
```

上面的示例表示根据 c1 列（字段）去重。注意该方法如果不传入参数，则和之前的 distinct 方法的结果相同。

（7）聚合操作。

聚合操作调用的是 agg 方法，该方法有多种调用方式，一般与 groupBy 方法配合使用。

- agg(expers:column*)。

传入一或多个 Coumn 对象，返回 DataFrame。

```
df.agg(max("c1"), avg("c2"))
```

上述代码表示可以对 DataFrame 的所有数据的 c1 列（字段）进行求最大值运算，而对 c2 列（字段）进行求平均值计算。

```
df.groupBy("c1").agg(max("c2"), avg("c3"))
```

上述代码表示以 c1 列（字段）进行分组，对各组内数据的 c2 列（字段）求最大值，对 c3 列（字段）求平均值。

- agg(exprs: Map[String, String])。

传入一个 Map 类型的表达式并进行聚合，返回 DataFrame。

```
df.agg(Map("c1" ->"max", "c2" ->"avg"))
```

参数为 Map 类型，其中 Key 为要聚合的列（字段），而对应的值为要进行聚合的操作。上述代码表示对 DataFrame 中数据的 c1 列（字段）求最大值，对 c2 列（字段）求平均值。同样，可以对 DataFrame 进行分组后再进行聚合。

```
df.groupBy("c1").agg(Map("c2" ->"max", "c3" ->"avg"))
```

上述代码表示先以 c1 列（字段）分组后，再对 c2 列（字段）求最大值，对 c3 列（字段）求平均值。

- agg(aggExpr: (String, String), aggExprs: (String, String)*)。

除了以上参数类型，还可以传入二元元组类型的参数。实际上二元元组的第一个字段对应的是 Map 的 Key，第二个字段对应的是 Map 的 Value。

```
df.agg(("c1","max"), ("c2","avg"))
```

使用元组类型为参数指定对 DataFrame 中的 c1 列（字段）求最大值和对 c2 列（字段）求平均值，同样依然可以分组后再进行聚合。

```
df.groupBy("c1").agg(("c2","max"), ("c3","avg"))
```

上述代码先使用 c1 列（字段）进行分组，再对 c2 及 c3 列（字段）进行聚合。

(8) union 操作。

union 操作符用于合并两个或多个 select 语句的结果集。union 内部的 select 语句必须拥有相同数量的列，列也必须拥有相似的数据类型。同时，每个 select 语句中列的顺序必须相同。

在 Spark SQL 中同样支持 union 操作，用于对多个结果集进行合并。

```
df.union(df.limit(1))
```

将 DataFrame（DataSet[Row]）中的数据和它自身的第一条数据进行合并，然后返回一个新的结果集。

(9) join 操作。

在 SQL 中使用得最多的就是 join 操作，在 DataFrame 中同样提供了 join 的功能。

- 笛卡儿积。

在 SQL 中执行 join 两张表时，如果不指定关联字段，则会返回两张表的笛卡儿积。同样，在 Spark SQL 中进行 join 时，如果不指定 join 字段，得到的同样是笛卡儿积的结果。

```
df1.join(df2)
```

对数据集 df1 和 df2 进行笛卡儿积操作。

- 关联一个字段。

SQL 进行关联时，使用 using 或 on 关键字，而在 Spark SQL 中同样支持指定关联字段。

```
df1.join(df2, "c1")
```

依然使用 join 方法，该方法的第二个参数的类型为字符串类型，该参数即为指定关联的字段。也就是说将 df1 和 df2 基于 c1 字段进行关联。

- 关联多个字段。

除了可以关联一个字段外，还可以关联多个字段。

```
df1.join(df2, Seq("c1", "c2"))
```

第二个参数可以传入一个序列，序列中可以指定多个关联字段。

- 指定 join 类型。

在 SQL 中，连接有多种类型，如 left join、right join 等。在 Spark SQL 中同样可以指定关联类型。

对两个 DataFrame 的 join 操作有 inner、outer、left_outer、right_outer 及 leftsemi 类型。对于关联多个字段的 join，可以传入第三个 String 类型的参数，用于指定 join 的类型。

```
df1.join(df2, Seq("c1", "c2"), "inner")
```

将 df1 和 df2 以 c1、c2 作为关联字段，而关联的类型为内连接。也就是说，df1 和 df2 中 c1、c2 字段都存在且值相同的数据才关联并返回。

- 使用 Column 类型 join。

上面的示例通过传入一个或多个字符串值来指定关联的字段，除了这种方式，还可以使用如下方式。

```
df1.join(df2 , df1("id" ) === df2( "t1_id"))
```

第一个参数是关联的数据集,第二个参数是 Column 类型,使用其===方法来指定字段的关联,该方法返回一个新的 Column 对象来作为参数传入。

- 在指定 join 字段的同时指定 join 类型。

同样 DataFrame 的 join 方法的第二个参数是 Column 类型的同时还重载了第三个参数的方法,用于指定关联的类型。

```
df1.join(df2 , df1("id" ) === df2( "t1_id"), "inner")
```

前面两个参数和之前的一致,而第三个参数传入了 inner 的字符串,用于指定关联类型为内连接。

(10) DataFrame 交集。

找到两个 DataFrame 中相同的记录,即找到两个 DataFrame 的交集,DataFrame 也提供了对应的交集方法。

```
df.intersect(df.limit(1)).show()
```

df.limit(1)得到一个只包含 df 第一条记录的新的 DataFrame 并和之前的 df 求交集。而交集的方法为 intersect,该方法可以计算出两个 DataFrame 中相同的记录。

(11) DataFrame 差集。

除了可以求两个 DataFrame 的交集外,DataFrame 也提供了求差集的方法 except。该方法能够获取一个 DataFrame 中在另一个 DataFrame 中没有的记录。

```
df.except(df.limit(1)).show()
```

和之前交集的示例类似,只不过使用的是差集方法 except。简单地理解为该方法为一个减法操作,得到的结果是减去第一条记录的结果集。实际上,通过方法名也能够猜到其含义,except 意为"除开",结合上面的示例,得到 df 除开 df 第一条记录的新的 DataFrame。

(12) 操作字段名。

- withColumnRenamed。

withColumnRenamed 方法能够重命名 DataFrame 中的指定字段名。

```
df.withColumnRenamed( "c1" , "c2" )
```

上述代码将 df 中的 c1 字段重命名为 c2,需要注意的是,如果指定的字段名不存在,将不进行任何操作。

- withColumn。

如果开发人员需要新增一列数据,则可以使用 withColumn 方法。该方法能够在当前 DataFrame 中新增一列。其定义如下。

```
withColumn(colName:String,col:Column)
```

第一个参数表示新增的列名称,或者说根据指定 colName 往 DataFrame 中新增一列,如果 colName 已存在,则会覆盖当前列。那么新增的列的值是多少呢?这个时候就需要用到第二个参数,它的含义就是用已有的某列对应的值作为其值。

```
df.withColumn("c2", df("c1")).show()
```

往 df 中新增一列 c2,并以 c1 列的值作为其值。下面的代码为该方法的内部逻辑。

```
    def withColumn(colName: String, col: Column): DataFrame = {
      val resolver = sparkSession.sessionState.analyzer.resolver
      val output = queryExecution.analyzed.output
      val shouldReplace = output.exists(f => resolver(f.name, colName))
      if (shouldReplace) {
        val columns = output.map { field =>
          if (resolver(field.name, colName)){
            col.as(colName)
          } else {
            Column(field)
          }
        }
        select(columns : _*)
      } else {
        select(Column("*"), col.as(colName))
      }
    }
```

（13）行转列。

数据是一行一行的，但是某些时候往往希望根据某个字段值将行转换为列，如下示例。

```
case class Student(name: String, scores: String)

val df = ssc.createDataFrame(List(
    Student("xiaoming", "95,98,78"),
    Student("xiaoli", "87,80,65"),
    Student("xiaohong", "90,93,88")
    )
)

df.explode("scores", "score")((scores: String) => scores.split(",")).show()
```

创建一个 Student 样例类，并基于它创建了一个 DataFrame，使用 explode 方法将 scores 字段的值按逗号分隔，形成多行数据。这里，需要了解该方法的定义，该方法是个柯里化函数（Scala 语法），第一部分传入两个参数，第一个参数代表需要基于哪个字段的值进行行转列，第二个参数表示行转列后新列的名称；而第二部分参数的类型是一个函数，类似 flatMap 方法，入参是指定行转列的字段的值，出参是一个转为行的集合，它的内部会将其展开。运行结果如下。

```
+--------+--------+-----+
|    name|  scores|score|
+--------+--------+-----+
|xiaoming|95,98,78|   95|
|xiaoming|95,98,78|   98|
|xiaoming|95,98,78|   78|
|  xiaoli|87,80,65|   87|
|  xiaoli|87,80,65|   80|
|  xiaoli|87,80,65|   65|
|xiaohong|90,93,88|   90|
|xiaohong|90,93,88|   93|
|xiaohong|90,93,88|   88|
+--------+--------+-----+
```

从结果可以看到，将 scores 的值按逗号分隔后展开，其他字段不变。从 Spark 2.0.0 开始，该方法已经被标识为过期，不过依然可以使用，只是在未来版本中可能会被移除掉。

那么新版本如何使用行转列呢？实际上，上面示例中，本质是指定字段值进行 flatMap，所以新版本中可以直接在 DataFrame 上执行 flatMap 操作。当然，其内部已经定义了该函数，也就是说在书写 SQL 语句时（Spark SQL 除了可以使用 DSL 对数据操作外，还可以直接写 SQL 语句）可以直接使用 explode 函数，如 select *,explode(split(scores, ",")) as score from table。

3．Actions 操作

（1）show。

在之前的示例中，已经用过多次 show 函数，该函数主要用于测试。它能够以表格的形式展示 DataFrame 中的数据，类似于 select * from table 的功能。该方法有多种重载方式，具体如下。

- show()。

无参的 show 方法最多能够显示 20 条数据（默认）。

```
df.show
```

直接使用时，最多显示前 20 条数据。

- show(numRows: Int)。

show(numRows: Int)方法可以指定要显示的行数，也就是说可以自定义显示多少行数据。

```
df.show(3)
```

指定最多只显示前 3 条数据。

- show(truncate: Boolean)。

show(truncate: Boolean)方法的参数为布尔类型，含义为是否每个字段值最多只显示 20 个字符。如果该参数设置为 true（默认），则最多只显示 20 个字符，超过部分以省略号代替。

```
df.show(true)
```

如果设置为 true，则结果集中的字段最多只显示 20 个字符，它的效果等同于 df.show。

- show(numRows: Int, truncate: Boolean)。

show(numRows: Int, truncate: Boolean)方法结合了上面两个重载方法，允许传递显示多少行数据及是否只显示 20 个字符。

```
df.show(3, false)
```

上面示例表示最多只显示前 3 条数据，且每个字段值超过长度不省略。

（2）collect。

collect 方法类似于 Spark RDD 的 collect 方法，它将数据收集到 Driver 端并返回一个本地数组对象。

```
df.collect()
```

不同于前面的 show 方法，这里的 collect 方法会将 DataFrame 中的所有数据都收集到 Driver 端。结果数组包含了 DataFrame 的每一条记录，每一条记录由一个 GenericRowWithSchema 对象来表示，它存储了字段名及字段值。

(3) collectAsList。

collectAsList 方法和 collect 方法类似，只不过将返回结果变成了 List 对象。

```
df.collectAsList()
```

(4) describe。

describe 方法允许传入一或多个参数，每个参数为 String 类型的字段名，并返回 DataFrame 对象。它的作用是统计数组类型字段的相关统计值（如 count、mean、stddev、min、max 等）。

```
df.describe("c1" , "c2", "c3" ).show()
```

上面示例传入了 3 个字段名，也就是说将会获取到这 3 个字段的条数、平均值等统计信息。

(5) first。

类似 RDD 的 first 方法，用于获取第一行记录。

(6) head。

把 DataFrame 当作一个巨大的集合，head 方法用于获取头部记录，也就是获取第一行记录。它有一个重载方法 head(n: Int)，可以指定获取前 n 行记录。

(7) take(n: Int)。

take 方法和 Scala 的集合类似，用于取出左边 n 条数据，也就是获取前 n 行数据。

(8) takeAsList(n: Int)。

takeAsList(n: Int)方法和 take 方法类似，用于获取前 n 行数据，并以 List 的形式展现。

总结：前面的几种方法最终都以 Row 或者 Array[Row]的形式返回一行或多行数据，first 和 head 方法的功能相同；而 take 和 takeAsList 方法会将获取到的数据返回到 Driver 端，所以使用这两个方法时需要注意数据量，以免 Driver 发生 Out Of Memory Error（内存溢出错误）。

4．cache 操作

在 Spark Core 的 RDD 中，所有的转换操作都是懒操作，只有遇到行动方法的时候才会触发 JOB。如果同一 RDD 被多次使用（不同的行动方法），则会有多个 JOB，且重复使用的这个 RDD 会被重复计算或加载，可以使用 cache 方法将数据缓存到内存中，以避免重复加载或计算数据。

同样地，Spark SQL 是基于 Spark Core 的，如果对 DataFrame 多次使用行动方法，则同样会出现重复操作的问题。面对该类问题时，读者依然可以在 DataFrame 上执行 cache 操作。

```
case class Student(name: String, course: String, score: Double)
val df = ssc.createDataFrame(List(
    Student("xiaoming", "math", 95.0),
    Student("xiaoming", "english", 91.5),
    Student("xiaoli", "math", 88.5),
    Student("xiaoli ", "english", 92.5)
    )
)
val df1 = df.groupBy("course")
df1.cache()
df1.count()
df1.maen()
```

上面的代码分别求出了不同 course 的人数及平均分。多次使用了 df1，如果不执行 cache 操作，将会重复执行 groupBy 操作；而一旦执行了 cache 操作，则只会执行一次 groupBy 操作。

5. persist 操作

persist 操作同样是对数据进行持久化操作，只不过该方法不仅可以将数据持久化到内存中，还可以持久化到磁盘上。在 Spark Core 的 RDD 中也有该方法，它允许定义持久化的级别。同理，Spark SQL 中的 persist 方法的使用方式和 Spark Core 中的 RDD 类似，所以本书就不再重复讲解了。

6. unpersist 操作

unpersist 操作用于移除持久化数据，和 Spark Core 中的 RDD 的该方法类似，所以参照 Spark RDD 的持久化即可。

7. createOrReplaceTempView 操作

createOrReplaceTempView 操作用于创建或替换本地临时视图，此视图的生命周期依赖于 SparkSession 类。如果想 drop 此视图，则可使用 dropTempView 方法。

本书之前提到的 Spark SQL 都是 DSL 操作，也就是采用 API 的方式操作数据。实际上，大部分情况更希望的是直接使用 SQL 语句来操作数据。在关系数据库中，操作的数据都在表中；在 Spark SQL 中，操作的数据在 DataFrame 中，且并没有表名。因此，可以借助此方法将 DataFrame 中的数据注册到一个临时表中，用于进行 SQL 操作。

```
df.createOrReplaceTempView("myTable")
```

这样，DataFrame 中的数据就注册到 myTable 表中了。只要有了表，在 Spark SQL 中就能够直接编写 SQL 语句对数据进行操作了（具体如何编写后面章节会提到）。

8. 强大的 SQL 查询操作

Spark SQL 为开发人员提供了直接使用 SQL 语句操作数据的接口。在 SparkSession 中提供了名为 sql 的方法，此方法是 Spark SQL 最为常用且简单的方法，其典型的使用方法如下所示。

```
    def newSparkSession = {
      val ss = SparkSession
        .builder()
        .master("")
        .appName("")
        .getOrCreate()
    }
val ss = newSparkSession
val df = ss.sql("${sql}")
…
df.write.JSON(savePath)
df.write.parquet(savePath)
df.write.orc(savePath)
```

```
df.write.csv(savePath)
df.write.jdbc(url, table, properties)
...
```

其中${sql}部分允许开发人员编写 Spark SQL 所支持的标准化 SQL 语句。

5.3.7 DataFrame 持久化

Spark SQL 为开发人员提供了 DataFrameWriter 类，用于实现 DataFrame 的持久化。在 DataFrame 的内部提供了非常丰富的持久化方法，其中 DataFrameWriter.text()用于实现文本格式数据持久化、DataFrameWriter.csv()用于实现 CSV 数据格式持久化、DataFrameWriter.JSON()用于实现 JSON 数据格式持久化、DataFrameWriter.orc()用于实现 ORC 格式数据持久化、DataFrameWriter.parquet()用于实现 Parquet 格式数据持久化、DataFrameWriter.jdbc()用于实现将数据持久化到各种关系数据库、DataFrameWriter.options()用于提供自定义参数与插件方法等。以下内容将介绍使用各种方法实现 DataFrame 的持久化。

1. 持久化为 TXT 格式数据

Spark SQL 提供了 DataFrame 持久化为 TXT 格式数据的方法，定义如下。

```
def text(path: String): Unit
```

下面代码将 DataFrame 中的数据持久化为 TXT 文件。

```
df.map(x => x.toString()).write.text(savePath)
```

savePath 为保存数据的路径，此路径可以为本地文件系统路径，也可为 HDFS 上的路径。

　　text 方法只能保存含有一列的 DataFrame。如果 DataFrame 中有多列，需要使用.map(x => x.toString())进行转换后再持久化。

2. 持久化为 CSV 格式数据

Spark SQL 提供了 DataFrame 持久化为 CSV 格式数据的方法，定义如下。

```
def csv(path: String): Unit
```

下面代码将 DataFrame 中的数据持久化为 CSV 文件。

```
df.write.csv(savePath)
```

savePath 为保存数据的路径，此路径可以为本地文件系统路径，也可为 HDFS 上的路径。

3. 持久化为 JSON 格式数据

Spark SQL 提供了 DataFrame 持久化为 JSON 格式数据的方法，定义如下。

```
def json(path: String): Unit
```

下面代码将 DataFrame 中的数据持久化为 JSON 文件。

```
df.write.json(savePath)
```

savePath 为保存数据的路径，此路径可以为本地文件系统路径，也可为 HDFS 上的路径。

4．持久化为 ORC 格式数据

Spark SQL 提供了 DataFrame 持久化为 ORC 格式数据的方法，定义如下。

```
def orc(path: String): Unit
```

下面代码将 DataFrame 中的数据持久化为 ORC 文件。

```
df.write.orc(savePath)
```

savePath 为保存数据的路径，此路径可以为本地文件系统路径，也可为 HDFS 上的路径。

5．持久化为 Parquet 格式数据

Spark SQL 提供了 DataFrame 持久化为 Parquet 格式数据的方法，定义如下。

```
def parquet(path: String): Unit
```

下面代码将 DataFrame 中的数据持久化为 Parquet 文件。

```
df.write. parquet(savePath)
```

savePath 为保存数据的路径，此路径可以为本地文件系统路径，也可为 HDFS 上的路径。

6．持久化至 JDBC 连接的数据库

Spark SQL 提供了 DataFrame 持久化至 JDBC 连接的数据库的方法，定义如下。

```
def jdbc(url: String, table: String, connectionProperties: Properties): Unit
```

下面代码将 DataFrame 中的数据持久化到 JDBC 数据库中。

```
val url = "jdbc:mysql://${ip}:${port}/${dbname}"
val table = "${tableName}"
val properties  = new Properties()
properties.put("user", "${user}")
properties.put("password", "${password}")
df.write.jdbc(url, table, properties)
```

上面代码中，需要开发人员指定相关 JDBC 参数，具体参数含义如下。

${ip}：关系数据库的主机地址。

${port}：关系数据库的端口。

${dbname}：关系数据库的名称。

${tableName}：关系数据库的表名称。

${user}：关系数据库的登录用户名。

${password}：关系数据库的登录密码。

7．持久化至 HBase 数据库

在 Spark SQL 中，可以方便地将数据持久化到分布式数据库 HBase 中。具体方法是使用 DataFrame 的 rdd 方法获取 RDD，再利用其 RDD 的 foreachPartition 方法将每个分区中的数据

持久化到 HBase 数据库中。

```
df.rdd.foreachPartition{ records =>
   val config = HBaseConfiguration.create
   config.set("hBase.zookeeper.property.clientPort", "${port}")
   config.set("zookeeper.znode.parent", "${znode}")
   config.set("hBase.zookeeper.quorum", "${zookeeperIPs}")
     val connection = ConnectionFactory.createConnection(config)
     val table = connection.getTable(TableName.valueOf("${tableName}"))
     val list = new java.util.ArrayList[Put]
     for(record <- records){
        val put = new Put(Bytes.toBytes(DigestUtils.md5Hex(record.toString())))
        put.addColumn(Bytes.toBytes("${cfn}"),
        Bytes.toBytes("${qn}"), Bytes.toBytes(record.getString(0)))
        put.addColumn(Bytes.toBytes("${cfn}"),
        Bytes.toBytes("${qn}"), Bytes.toBytes(record.getInt(1)))
        put.addColumn(Bytes.toBytes("${cfn}"),
        Bytes.toBytes("${qn}"), Bytes.toBytes(record.getInt(2)))
        list.add(put)
     }
     table.put(list)
     table.close()
}
```

上面代码中，需要开发人员指定相关 HBase 参数，具体参数含义如下。

${port}：HBase 数据库所使用的 zookeeper 的端口。

${znode}：HBase 数据库所使用的 zookeeper 的 znode 节点名称。

${zookeeperIPs}：HBase 数据库所使用的 zookeeper 的主机地址。

${tableName}：HBase 数据库中的数据表的名称。

${cfn}：HBase 数据库中的数据表的簇名称。

${qn}：HBase 数据库中的数据表的字段名称。

8．持久化至 Hive 数据仓库

在 Spark SQL 中，也可以方便地将数据持久化到分布式数据仓库 Hive 中。Hive 也是 Spark SQL 的默认数据仓库，其使用方式非常简单。

```
df.write.saveAsTable("${namespace}:${tableName}")
df.write.insertInto("${namespace}:${tableName}")
```

上面代码中，需要开发人员指定相关 Hive 参数，具体参数含义如下。

${namespace}：hive 中的数据库名称。

${tableName}：hive 中的表名称。

使用 Spark SQL 连接 Hive 时创建 SparkSession 需调用 enableHiveSupport()，以使其支持 Hive 数据库，具体代码如下。

```
def newSparkSessionForHive = {
   val ss = SparkSession
      .builder()
      .master("local")
      .appName("SparkSession example")
```

```
        .config("hive.metastore.uris", "thrift://${ip}:${port}")
        .config("spark.sql.warehouse.dir", "${warehouse}")
        .enableHiveSupport()
        .getOrCreate()
    return ss
}
```

上面代码中,还需要开发人员指定 Hive 的元数据库地址,具体参数含义如下。

${ip}:分布式数据仓库 Hive 的元数据库主机地址。

${port}:分布式数据仓库 Hive 的元数据库主机端口。

${warehouse}:分布式数据仓库 Hive 的元数据库保存地址。

5.3.8 DataFrame 实例

Spark SQL 支持读取多种数据源,如 JSON、Parquet、JDBC 等。开发人员如何通过 SQL 语句来操作这些数据源的数据呢?

1. DataFrame 实例 1

```
    case class NetInfo(
    userId: String,
    user: String,
    location: String,
    post: String,
    dt: String,
    dtall: String)
val ssc = newSparkSession("SparkSQL_From_TextFile")
import ssc.implicits._
val dataPath = this.getClass
    .getClassLoader
    .getResource("SparkSQL/SparkSQLTest.txt").getPath()
val RDD = ssc.sparkContext.textFile(dataPath)
val netInfo = RDD
    .map(_.split("\t"))
    .map(x => NetInfo(x(0), x(1), x(2), x(3), x(4), x(5))).toDF()
netInfo.createOrReplaceTempView("netinfo")
val result = ssc.sql(" select * from netinfo ")
result.RDD.foreach(println)
```

上面代码实例中,SparkSession 获得了底层的 SparkContext,使用它的创建方法 textFile 将指定目录下的文本文件加载到了 RDD 中。

接着使用了一系列的转换方法,最终形成了 RDD[NetInfo]。使用转换方法将文本文件中的字符串数据转换为了 NetInfo 对象;使用 toDF 方法将该 RDD 转换为了 DataFrame。

再接着用 createOrReplaceTempView 方法将 DataFrame 注册为了一个名为 netinfo 的表。最后使用 SparkSession 的 sql 方法执行 SQL 语句(这里的 SQL 语句没有任何额外操作,可以用更复杂的 SQL 语句来代替麻烦的 DSL 方法操作)得到一个名为 result 的 DataFrame。此时可以用 show 方法,也可以通过 DataFrame 的 RDD 循环输出每行结果的数据。

2. DataFrame 实例 2

如果数据源为 JSON 格式,则可以直接使用 SparkSession 的 read 方法返回的对象的 JSON

方法来加载 JSON 数据。

```
val ssc = newSparkSession("SparkSQL_From_JSON")
val dataPath = this.getClass
    .getClassLoader
    .getResource("SparkSQL/people.JSON").getPath()
    val df = ssc.read.JSON(dataPath)
    df.createOrReplaceTempView("people")
    val sqldf = ssc.sql(" select sex, count(1)
    as amount from people where age > 18 group by sex")
    sqldf.foreach(println)
```

这个实例中，数据源为 JSON 格式，因此直接使用 SparkSession 自带的方式 ssc.read.JSON 加载形成 DataFrame。注册表后在 SQL 中过滤出了年龄大于 18 的数据，以性别分组并用 count 函数聚合，求出了年龄大于 18 岁的男性和女性的人数。

3. DataFrame 实例 3

JDBC 方式允许操作关系型数据库中表内的数据。使用该方式时需要指定驱动的 url、用户名、密码以及表名。注意需要加入对应数据的驱动包。

```
val ssc = newSparkSession("SparkSQL_From_JDBC")
val url = "jdbc:mysql://master.dtinone:3306/dtinone"
val table = "hosts"
val properties = new Properties()
properties.put("user", "root")
properties.put("password", "testSparkSQL")
val df = ssc.read.jdbc(url, table, properties)
df.createOrReplaceTempView("")
//val result = df.select("host_id", "host_name",
 "ipv4").where("host_id != 4")
val result = ssc.sql("select host_id, host_name,
 ipv4 from myTable where host_id != 4")
result.foreach(x => {
  val host_id = x.getLong(0)
  val host_name = x.getString(1)
  val ipv4 = x.getString(2)
  println("host_id="+host_id + ",
  host_name="+host_name+",ipv4="+ipv4)
})
```

这个实例中，数据源为关系数据库，要查询数据库中的表，需要传入数据库的用户名和密码，并放入 Properties 对象中。使用 SparkSession 自带的方法 ssc.read.jdbc 分别将 url（驱动 URL）、table（要操作的表）以及 Properties 对象（保存的用户名和密码）作为参数传入，返回一个 DataFrame，这个时候就能够基于该 DataFrame 操作了。

上面有段代码被注释掉了，被注释掉的代码是使用 DSL 的方式对数据进行操作。

需要注意，这里的 createOrReplaceTempView 方法注册的表名为空字符串，因为在使用 JDBC 方式时已经指定了表名。其次，DataFrame 中的对象为 Row，如果要获取该对象内的数据，可以使用 get 相关方法进行获取，如 getString、getLong 等。它们的参数为字段的索引，如 getString(0)表示获取第一个字段的值并转换为 String 类型。也可以使用 get 方法，只不过返回的类型为 Any 类型，需要进行强转。

4．DataFrame 实例 4

如果想操作 HBase 中表内的数据，该怎么办呢？实际上在 SparkSession 中并没有直接提供相应的 API 来操作 HBase 中的表。可以使用 RDD 的 newAPIHadoopRDD 方法将数据加载到 RDD，然后使用转换方法最终形成 DataFrame，这样就能基于 DataFrame 来操作 HBase 中表内的数据了。

```
case class Value(rowKey: String, value: String)
val transformation = (kv: (ImmutableBytesWritable, Result)) => {
  val rowKey = Bytes.toString(kv._1.copyBytes())
  val value = Bytes.toString(
      kv._2.getValue(Bytes.toBytes("testColFamily"),
      Bytes.toBytes("testCol")))
  Value(rowKey, value)
}
val ssc = newSparkSession("SparkSQL_From_Hbase")
import ssc.implicits._
val that: Configuration = new Configuration()
val zkIp = "dtinone.learn"
that.set("hbase.zookeeper.quorum", zkIp)
that.set("hbase.zookeeper.property.clientPort", "2181")
that.set("zookeeper.znode.parent", "/hbase-unsecure")
val scan = new Scan()
scan.addFamily(Bytes.toBytes("cfn"))
scan.addFamily(Bytes.toBytes("cfName"))
val tableName = "testSpark"
val conf = HBaseConfiguration.create(that)
conf.set(TableInputFormat.INPUT_TABLE, tableName)
val proto = ProtobufUtil.toScan(scan)
val scanToString = Base64.encodeBytes(proto.toByteArray())
conf.set(TableInputFormat.SCAN, scanToString)
val RDD = ssc.sparkContext.newAPIHadoopRDD(
    conf,
    classOf[TableInputFormat],
    classOf[ImmutableBytesWritable], classOf[Result])
val hbaseDS = RDD.map(transformation).toDS()
hbaseDS.createOrReplaceTempView("SparkOnHbase")
ssc.sql(" select * from SparkOnHbase").as[Value].foreach(value => {
println(value)
})
```

上面实例中，使用 newAPIHadoopRDD 方法将 HBase 中表内的数据加载到 RDD 中，再使用 toDS 或 toDF 方法将其转换为 Spark SQL 的 DataSet 或 DataFrame。

5．DataFrame 实例 5

Spark SQL 本身集成了 Hive，因此只需要开启 Spark SQL 对 Hive 的支持即可。下面是自定义的 newSparkSession 方法。

```
def newSparkSession(appName: String, isHive: Boolean = false) = {
  val builder = SparkSession
    .builder()
    .appName(appName)
    .master("local")
    .config("spark.sql.warehouse.dir", warehouse)
  if (isHive) {
    builder.enableHiveSupport()
  }
  builder.getOrCreate()
}
```

只需要用 enableHiveSupport 方法开启 Spark SQL 对 Hive 的支持即可。

```
val ssc = newSparkSession("SparkSQL_From_Hive", true)
ssc.sql(" create table firstTableNew( userId string,
user string, location string, post int, dt string,
dtall string) row format delimited fields terminated by '\\t'
stored as textfile ")
val df = ssc.sql(" select * from firsttable limit 1200 ").show()
```

注意如果是本地运行，则需要将 Hive 相关的配置放到 classpath 下。

5.4 DataSet

本节将对 DataSet 模型进行介绍，并将 DataSet 与 DataFrame 进行对比，最后通过编写 Spark SQL 应用程序来进行实践。

5.4.1 深入理解 DataSet

DataSet 是 DataFrame API 的一个扩展，是 Spark 新的数据抽象。DataSet 具备友好的 API 风格，同时具有类型安全检查及 DataFrame 的查询优化特性。

DataSet 支持编解码器，当需要访问非 JVM 堆上的数据时可以避免反序列化整个对象，从而提高了效率。

DataSet 中使用样例类定义数据的结构信息，样例类中每个属性的名称直接映射到 DataSet 中的字段名称。

在新版本中，DataFrame 是 DataSet 的特例，即 DataFrame=Dataset[Row]，所以可以通过 as 方法将 DataFrame 转换为 DataSet。DataSet 是强类型的，例如可以是 DataSet[Car]、Dataset[Person]。

DataFrame 只是知道字段，但是不知道字段的类型；而 DataSet 不仅仅知道字段，还知道字段的类型，所以有更严格的错误检查。

5.4.2 DataSet 的优点

DataSet 具备以下几个优点。

(1) DateSet 整合了 RDD 和 DataFrame 的优点，支持结构化和非结构化数据。
(2) 与 RDD 一样，支持自定义对象的存储。
(3) 与 DataFrame 一样，支持结构化数据的 SQL 查询。
(4) 采用堆外内存存储，GC 友好。
(5) 类型转换安全，代码友好。

5.4.3 创建 DataSet

DataSet 是 Spark 1.6 新增的一种 API。DataSet 希望把 RDD 的优势和 Spark SQL 的优化执行引擎的优势结合到一起。那么开发人员应该如何创建 DataSet 呢？下面是 DataSet 的创建实例。

```
case class Person(name: String, age: Long)
val ssc = newSparkSession("SparkSQL_DataSet")
val ds = ssc.createDataset(List(Person("Andy", 32), Person("Nike", 22)))
```

创建 DataFrame 时，可以直接基于样例类创建，SparkSession 会自动根据样例类生成 schema 信息从而形成 DataFrame。同理，创建 DataSet 时也可以基于样例类来创建 DataSet。具体过程为创建一个样例类，然后使用 createDataset 方法来创建 DataSet，如下所示。

```
val ssc = newSparkSession("SparkSQL_DataSet")
import ssc.implicits._
val dsInt = Seq[Int](1, 2, 3).toDS()
```

上述实例中，同样使用自定义的方法 newSparkSession 创建 SparkSession 实例，紧接着引入了一个 SparkSession 实例所自带的隐式转换类，引入该隐式转换类能够使得 Scala 集合使用 toDS 方法直接转换为 DataSet。

5.4.4 DataSet 操作

同样，有了 DataSet 后开发人员就能够对其进行简单的操作了，如下所示。

```
val dsStr = List[String]("hadoop", "HBase", "Hive", "Spark").toDS()
println("dsStr.printSchema()")
dsStr.printSchema()
println("dsStr.show()")
dsStr.show()
println("df.head()=" + dsStr.head())
println("df.first()=" + dsStr.first())
```

DataFrame 中的一些基本方法在 DataSet 中同样适用，运行结果如下。

```
dsStr.printSchema()
root
 |-- value: string (nullable = true)

dsStr.show()
+------+
| value|
+------+
|hadoop|
```

```
|HBase |
|Hive  |
|Spark |
+------+

df.head()=hadoop
df.first()=hadoop
```

5.4.5 DataSet 持久化

从 Spark SQL 的 DataSet 的 write 方法可以看到，write 方法返回的是 DataFrameWriter 对象。下面为 DataSet 的 write 方法的内部实现逻辑。

```
def write: DataFrameWriter[T] = {
  if (isStreaming) {
    logicalPlan.failAnalysis(
      "'write' can not be called on streaming Dataset/DataFrame")
  }
  new DataFrameWriter[T](this)
}
```

可以看到 DataSet 的持久化方法与 DataFrame 的持久化方法相同，所以本书将不再详述。

5.5 数据抽象的共性与区别

Spark SQL 提供了两个新的抽象，分别是 DataFrame 和 DataSet。它们和 RDD 有什么区别呢？首先从版本的发展历程来看，在 Spark 1.0 时产生了 RDD，接着在 Spark 1.3 时产生了 Spark SQL 及其抽象 DataFrame，之后在 Spark 2.x 后正式发布了 Spark SQL 新的抽象 DataSet。

如果同样的数据都给到这 3 个数据结构，它们分别经过相同计算之后，都会给出相同的结果。不同的是它们的执行效率和执行方式。图 5-11 所示为 RDD、DataFrame、DataSet 三者之间的关系。

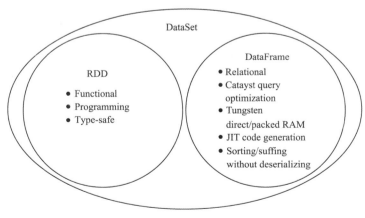

图 5-11 三者之间的关系

可以知道，DataFrame 相比 RDD 有了一些改进和优化，但同样也失去了一些 RDD 的优势；DataSet 包含了 RDD 和 DataFrame 的优点。

5.5.1 3种数据抽象的共性

RDD、DataFrame、DataSet 都是 Spark 平台下的分布式弹性数据集,为处理超大型数据提供便利。3 种数据抽象都有惰性机制,在进行创建、转换时不会立即执行,只有在遇到 Action 方法时,3 种数据抽象才会开始执行运算。极端情况下,如果代码里面有创建、转换操作,但是后面没有在 Action 方法中使用对应的结果,则相应代码在执行时会被直接跳过。

3 种数据抽象都会根据 Spark 的内存情况自动缓存运算,这样即使数据量很大,也不用担心会内存溢出。

3 种数据抽象都有 partition 的概念。

3 种数据抽象有许多共同的函数,如 filter、排序函数等。

DataFrame 和 DataSet 均可使用模式匹配获取各个字段的值和类型。

5.5.2 3种数据抽象的区别

1. RDD

(1) RDD 一般和 SparkMlib 同时使用。

(2) RDD 不支持 Spark SQL 操作。

2. DataFrame

(1) 与 RDD 和 DataSet 不同,DataFrame 每一行的类型固定为 Row,只有通过解析才能获取各个字段的值。

(2) DataFrame 与 DataSet 一般不与 SparkMlib 同时使用。

(3) DataFrame 与 DataSet 均支持 Spark SQL 操作,如 select、groupBy 等,都能注册临时表或视图并进行 SQL 语句操作。

(4) DataFrame 与 DataSet 支持一些特别方便的数据保存方式,如保存成 CSV 格式,还可以设置是否带上表头等属性。

3. DataSet

(1) DataSet 和 DataFrame 拥有完全相同的成员函数,区别只是每一行的数据类型不同。

(2) DataFrame 也可以叫作 DataSet[Row],因为每一行的类型都是 Row。如果开发人员不解析 Row,那么每一行究竟有哪些字段,各个字段又是什么类型都无从得知,只能用上面提到的 getAS 方法或者模式匹配获取特定字段。

(3) 在 DataSet 中,每一行的类型是可以由开发人员自己定义的,每一行的具体字段及其类型也都是可见的。

(4) DataSet 访问列中的某个字段是非常方便的。

5.6 数据抽象的相互转换

对开发人员来说,有时候需要将某种抽象转换为另外一种抽象,以便更好地对数据进行操作。因此，Spark SQL 也提供了相应的方法来对数据抽象进行相互转换。

5.6.1 将 RDD 转换为 DataFrame

在之前章节中说过，创建 DataFrame 都是通过 createDataFrame 方法来实现的，且一种方式是基于样例类直接创建 DataFrame，它会自动生成 Schema 信息；另外一种方式是基于 RDD[Row]类型并手动指定 Schema 信息（构建 StructType）来创建 DataFrame。

创建 DataFrame 除了可以使用 createDataFrame 方法之外，还可以使用 Spark SQL 提供的隐式转换类，通过 toDF 方法直接将 RDD 转换成 DataFrame，如下所示。

```
val ssc = newSparkSession("SparkSQL_DataFrame")

val peopleList_1 = List(People_1("Michael", 21, 0),
  People_1("Andy", 38, 0),
  People_1("Justin", 18, 1))

import ssc.implicits._
val df = peopleList_1.toDF()
```

上面代码中，引入了 SparkSession 的隐式转换类，并使用 toDF 方法直接将 RDD 转换为 DataFrame。

5.6.2 将 DataFrame 转换为 DataSet

Scala 集合可以通过 createDataFrame 方法来创建 DataFrame，因此也可以通过 createDataset 方法来创建 DataSet。Spark SQL 允许开发人员将 DataFrame 转换为 DataSet，如下所示。

```
val peopleList_1 = List(
  People_1("Michael", 21, 0),
  People_1("Andy", 38, 0),
  People_1("Justin", 18, 1)
)
val df = ssc.createDataFrame(peopleList_1)

import ssc.implicits._
val ds = df.as[People_1]
```

上面代码中，基于 Scala 集合并使用 SparkSession 的 createDataFrame 方法创建了一个 DataFrame。此时，如果要将 DataFrame 转换为 DataSet，只需要在 DataFrame 上执行 as 方法即可。as 方法没有参数，只有一个泛型，而该泛型即为 DataSet 数据的类型。需要注意的是，转换时需要引入 SparkSession 自带的隐式转换包。

5.6.3 将 DataSet 转换为 DataFrame

通过上一小节的学习，读者知道了如何将 DataFrame 转换为 DataSet。如果读者希望将 DataSet 转换为 DataFrame，可以使用如下方式。

```
import ssc.implicits._
val dsStr = List[String]("Hadoop", "HBase", "Hive", "Spark").toDS()
val dfStr = dsStr.toDF()
```

上面代码中，直接使用 toDS 方法将 Scala 集合转换为 DataSet。此时，如果要将该 DataSet 转换为 DataFrame，只需要在 DataSet 上直接使用 toDF 方法即可。

小　　结

本章从多个角度对 Spark SQL 的 DataFrame 和 DataSet 模型进行了剖析，从而让读者深入理解 DataFrame 和 DataSet 是如何创建和操作的。最后阐述了 DataSet 与 DataFrame 的区别及其是如何进行相互转换的。通过本章的学习，读者应该能够基于 Spark SQL 处理数据。

为了使开发人员能够更高效地处理数据，Spark SQL 为开发人员提供了强大的函数支持。因此，在下一章，本书将为读者介绍 Spark SQL 函数的使用方法。

习　　题

（1）SparkSession 的作用是什么？
（2）简要描述 DataFrame。
（3）如何读取、持久化 DataFrame？
（4）简要描述 DataSet。
（5）如何读取、持久化 DataSet？
（6）简要描述 RDD、DataFrame、DataSet 的区别与联系。
（7）如何将 DataFrame 转换为 DataSet？

第 6 章 Spark SQL 函数

➢ 学习目标

（1）掌握 Spark SQL 用户定义函数的编写方法。
（2）掌握 Spark SQL 用户定义聚合函数的编写方法。
（3）熟悉 Spark SQL 常用的内置函数。

6.1 用户定义函数

Spark 1.1 推出了用户定义函数（User Defined Function, UDF）。UDF 用于扩展系统的内置功能。读者可以在 Spark SQL 里自定义实际需要的 UDF 来处理数据。

UDF 本质就是一个 Scala 函数，被 Catalyst 封装成一个 Expression 结点，最后通过 eval 方法根据当前 Row 计算其结果。

6.1.1 注册 UDF

为了能够让 Spark SQL 支持用户自定义的函数，首先需要对用户自定义的函数进行注册。读者可以利用创建的 SparkSession 来对函数进行注册，方式如下。

```
sparkSession.udf.register(udfName, udfFunc)
```

sparkSession 为 SparkSession 对象，通过其 udf 方法得到的 UDFRegistration 类的 register 方法能够让用户对其自定义函数进行注册。

注册函数时需提供两个参数，第一个参数为用户注册的自定义函数的名称，第二个参数为用户定义的函数。

6.1.2 使用 UDF

当用户注册了自定义函数后，即可在 Spark SQL 的 SQL 语句中使用该函数，如下所示。

```
select udfName(param1, param2, ...) from tableName
```

在 SQL 中使用 UDF 时，需用注册指定的函数名称，且函数的参数个数和类型需与注册时 UDF 的参数个数和类型相匹配。

6.1.3 UDF 实例

读者已经知道了如何注册并在 SQL 中使用 UDF，接下来将展示在 SQL 中使用 UDF 的实例。

本书将实现一个名为 splitStr 的自定义函数，该函数能够将字符串按指定分隔符拆分为数组，步骤如下。

1. 测试数据准备

本书以某学校学生的信息作为测试数据。这些数据以 JSON 格式放入 students.JSON 文件中。文件部分内容如下。

```
{"name": "刘明", "age": 15, "scores": "95, 88, 90"}
{"name": "张红", "age": 16, "scores": "90, 89, 92"}
{"name": "李燕", "age": 15, "scores": "78, 82, 87"}
{"name": "曾可", "age": 15, "scores": "80, 85, 82"}
{"name": "朱万", "age": 14, "scores": "81, 98, 75"}
{"name": "马小", "age": 15, "scores": "98, 96, 97"}
{"name": "张思思", "age": 15, "scores": "68, 65, 59"}
{"name": "陈鑫", "age": 15, "scores": "83, 99, 69"}
{"name": "刘易", "age": 15, "scores": "92, 94, 97"}
```

每一行为一位学生的基本信息，包含姓名（name）、年龄（age）及以逗号分隔的语数外期末考试分数。本书将该文件放到项目的根目录（Maven 项目放到 resources 目录）下。

2. 创建 SparkSession

使用 Spark SQL 需要先创建 SparkSession，代码如下。

```
def newSparkSession(appName: String, isHive: Boolean = false) = {
  val builder = SparkSession
    .builder()
    .appName(appName)
    .master("local")
    .config("spark.sql.warehouse.dir", "
/LearnSpark/src/main/resources")
  if (isHive) {
    builder.enableHiveSupport()
  }
  builder.getOrCreate()
}
def main(args: Array[String]): Unit = {
  val ssc = newSparkSession("SparkSQL_UDF_TEST")
}
```

3. 注册自定义函数 splitStr

有了 SparkSession 对象后，即可通过 register 方法注册 splitStr 函数。

```
ssc.udf.register("splitStr", (str:String, split: String) => str.split(split))
```

第一个参数指定了注册的自定义函数的名称为 splitStr，第二个参数指定了自定义函数的输入参数及具体实现逻辑。其中，注册的自定义函数 splitStr 定义了两个输入参数，第一个参数是被拆分的字符串，第二个参数为拆分分隔符。自定义函数 splitStr 的内部逻辑就是按指定分隔符拆分字符串 str 并返回拆分后的数组。

4．基于测试数据创建 DataFrame

注册好自定义函数 splitStr 后，就可以基于测试数据创建 DataFrame 了，代码如下。

```
val dataPath = this.getClass
.getClassLoader
.getResource("students.JSON")
.getPath()
val df = ssc.read.JSON(dataPath)
df.createOrReplaceTempView("students")
```

为了后续能够用 SQL 操作数据，需要将该 DataFrame 创建为名为 students 的视图（表）。

5．通过 SQL 语句使用自定义函数 splitStr

有了视图（表）后，就可以通过 SQL 语句对其进行操作了，代码如下。

```
val sqldf = ssc.sql("select name,splitStr(scores, ',') from students")
sqldf.foreach(row => {
println(row)
})
```

SQL 语句中，本书查询的内容是所有学生的姓名及按逗号拆分字符串后形成的语数外期末考试分数数组，输出的部分结果如下。

```
[刘明,WrappedArray(95, 88, 90)]
[张红,WrappedArray(90, 89, 92)]
[李燕,WrappedArray(78, 82, 87)]
[曾可,WrappedArray(80, 85, 82)]
[朱万,WrappedArray(81, 98, 75)]
[马小,WrappedArray(98, 96, 97)]
[张思思,WrappedArray(68, 65, 59)]
[陈鑫,WrappedArray(83, 99, 69)]
[刘易,WrappedArray(92, 94, 97)]
```

此时可以看到，分数字段已经被拆分成了数组。至此，本书已经实现了一个名为 splitStr 的自定义函数。

6.2 用户定义聚合函数

Spark SQL 1.5.x 引入了用户定义聚合函数（User Defined Aggregate Function, UDAF）这一新特性。虽然 Spark SQL 同样内置了 count()、sum()等聚合函数，但是当这些内置聚合函数不能满足业务需求时，同样需要自定义聚合函数。上一节中讲到的 UDF 常常针对的是单行输入，然后返回一个输出；而 UDAF 则可以对多行输入进行聚合计算，然后返回一个输出，其功能更加强大。

6.2.1 注册 UDAF

注册 UDAF 的方式和 UDF 类似，如下所示。

```
sparkSession.udf.register(udafName, udafClass)
```

sparkSession 为 SparkSession 对象，通过 udf 的 register 方法对 UDAF 进行注册。

需要注意的是，register 方法的第二个参数并不是直接传入的函数，而是传入的用户自定义实现的聚合函数实例化的对象。这是因为 UDAF 需要通过继承 Spark SQL 提供的相关抽象类来实现。

6.2.2 使用 UDAF

同理，注册 UDAF 后，即可在 Spark SQL 中使用，如下所示。

```
select udafName(param1, param2,...) from tableName
```

在 SQL 中使用 UDAF 时需用注册时指定的函数名称，且函数的参数个数和类型需与注册时 UDAF 类中的定义一致。

6.2.3 UDAF 实例

本书将实现一个名为 mycount 的 UDAF，该函数的功能和 count 函数类似，用于统计数据集的数据条数，步骤如下。

1. 测试数据准备

测试数据沿用之前 UDF 实例中的 students.json 文件中的数据。

2. 创建 SparkSession

同理，使用 Spark SQL 需要先创建 SparkSession，创建方式同 UDF 实例。

```
def newSparkSession(appName: String, isHive: Boolean = false) = {
  val builder = SparkSession
    .builder()
    .appName(appName)
    .master("local")
    .config("spark.sql.warehouse.dir", "/LearnSpark/src/main/resources")
  if (isHive) {
    builder.enableHiveSupport()
  }
  builder.getOrCreate()
}
def main(args: Array[String]): Unit = {
  val ssc = newSparkSession("SparkSQL_UDAF_TEST")
}
```

3. 实现 UDAF 类

该步骤和 UDF 不一样,需要继承 Spark SQL 的 UserDefinedAggregateFunction 抽象类来实现 UDAF 类,具体实现如下。

```
class MyCount extends UserDefinedAggregateFunction{
  override def inputSchema: StructType = {
StructType(StructField("inputCol", LongType) :: Nil)
  }
  override def bufferSchema: StructType = {
StructType(StructField("count", LongType) :: Nil)
  }
  override def dataType: DataType = {
LongType
  }
  override def initialize(buffer: MutableAggregationBuffer): Unit = {
    buffer(0) = 0L
  }
  override def update(buffer: MutableAggregationBuffer, input: Row): Unit = {
    if (!input.isNullAt(0)){
      buffer(0) = buffer.getLong(0) + 1
    }
  }
  override def merge(buffer1: MutableAggregationBuffer, buffer2: Row): Unit = {
    buffer1(0) = buffer1.getLong(0) + buffer2.getLong(0)
  }
  override def evaluate(buffer: Row): Any = {
    buffer.getLong(0)
  }
}
```

上面代码中的各个方法说明如下。

① inputSchema:指定聚合字段及其类型。

② bufferSchema:指定内部中间每组数据聚合过程使用的缓冲字段及其类型。

③ dataType:指定聚合函数最终的返回值类型。

④ initialize:初始化内存缓冲字段值。

⑤ update:依次将组内的字段值传递进来,以更新缓冲值。

⑥ merge:因为是分布式计算,数据可能分散在各个节点上,所以需要对各个节点的缓冲值进行合并,并将更新的值存储到 buffer1 中。

⑦ evaluate:返回 UDAF 最后的计算结果,计算结果需要和指定的 dataType 类型一致。

4. 注册自定义聚合函数 mycount

有了定义好的 UDAF 类后,需要对其进行注册,如下所示。

```
ssc.udf.register("mycount", new MyCount)
```

这里的第一个参数为自定义聚合函数的名称,第二个参数为实例化的 UDAF 类。

5. 基于测试数据创建 DataFrame

注册好自定义聚合函数 mycount 后，就可以基于测试数据创建 DataFrame 了，代码如下。

```
val dataPath = this.getClass
.getClassLoader
.getResource("students.json")
.getPath()
val df = ssc.read.json(dataPath)
df.createOrReplaceTempView("students")
```

为了后续 SQL 能够操作数据，需要将该 DataFrame 创建为名为 students 的视图（表）。

6. 通过 SQL 语句使用自定义聚合函数 mycount

有了视图（表）后，就可以通过 SQL 语句对其进行操作了，如下所示。

```
val sqldf = ssc.sql("select mycount(name) from students")
sqldf.foreach(row => {
println(row)
})
```

SQL 语句中，本书实现查询学生人数，输出结果如下。

```
[1273]
```

此时可以看到，所有的学生数据经过 mycount 函数聚合得到了一个总人数值。至此，本书已经实现了一个名为 mycount 的自定义聚合函数。

6.3 常用内置函数

Spark SQL 常用内置函数包括聚合函数、排序函数、字符串函数、时间函数、数学函数、集合函数、高阶函数等，部分内容参见本书"附录 1 常用内置函数"和"附录 2 常用高阶函数"。

小　　结

Spark SQL 提供了各种函数来帮助用户快速完成某些操作。某些时候，Spark SQL 内置的函数不一定能够满足实际的业务需求。这种情况下，Spark SQL 允许用户定义包含自己逻辑的函数以满足业务需求。所以，掌握 Spark SQL 函数有利于提升开发人员的开发效率。

通过本章的学习，读者知道了 Spark SQL 中 UDF 与 UDAF 的编写方法，同时了解了 Spark SQL 常用的内置函数，为读者进行生产系统研发奠定了坚实的基础。下一章将讲解如何进行 Spark SQL 性能调优。

习　　题

（1）参考实例编写一个将字符串转换为大写的 UDF。

（2）参考实例编写一个求平均值的 UDAF。

（3）count、max、min 这 3 个函数的作用分别是什么？

（4）asc、desc 函数的区别是什么？

第 7 章 Spark SQL 性能调优

➢ 学习目标

（1）掌握 Spark SQL 基本的调优技巧。
（2）掌握 Spark SQL 并行度调优技巧。
（3）掌握 Spark SQL 内存调优技巧。
（4）掌握 Spark SQL 磁盘 I/O 调优技巧。
（5）掌握 Spark SQL 网络 I/O 调优技巧。

7.1 概述

在大数据背景下，如何才能够利用有限资源来更高效地处理数据是用户关心的重要指标之一。Spark SQL 作为当今大数据时代优秀的并行处理框架之一，高效的性能不言而喻。

读者通过之前章节的学习了解了 Spark SQL 相关知识体系并能够通过 Spark SQL 处理数据，但并不意味着能够充分发挥出 Spark SQL 的性能。使 Spark SQL 达到最佳性能是开发人员需要掌握的技能之一。

Spark SQL 作为 Spark 的组件之一，其应用程序将运行在多节点（服务器）构成的集群中。开发人员不仅要考虑如何充分地利用集群中的资源（如内存、I/O、CPU 等），还要考虑如何利用好分布式系统的并行计算。

限于测试环境条件且调优参数众多，本章不能做出非常详尽的实验数据说明，更多将在部分常用参数和理论上加以说明。

7.1.1 木桶原理

在对 Spark SQL 进行性能调优时，读者需要充分考虑木桶原理（短板原理），其核心思想是一个木桶能够盛多少水，并不取决于木桶壁上最长的木块，而是取决于最短的木块。同理，将这个思想应用到性能调优上，应用程序的最终性能取决于集群中性能表现最差的组件，这个组件可能是磁盘，也可能是内存或者 CPU。

举个简单的例子，即使集群拥有充足的内存和 CPU 资源，如果磁盘 I/O 有限或性能低下，那么应用程序的总体性能也将取决于当前最慢的磁盘 I/O 的速度，而不是优越的内存和 CPU。因此在这种情况下，如果希望进一步提升性能，仅优化内存和 CPU 是没有作用的，只有提高磁盘 I/O 的性能才能优化应用程序整体性能。

7.1.2 阿姆达尔定律

性能调优不仅要考虑到上述的木桶原理，同样还要考虑并行运算的阿姆达尔（Amdahl）定律。该定律于 1967 年由 IBM360 系列机的主要设计者阿姆达尔首先提出。他曾致力于并行处理系统的研究，因此该定律以其名字命名。

阿姆达尔定律指的是在固定负载情况下描述并行处理效果的加速比 S。其公式如下：

$$S=1/(1-a+a/n)$$

其中，a 为并行计算部分所占比例，n 为并行处理节点个数。举个例子，如果代码全部为串行代码，则此时 $a=0$（并行计算部分占比为 0），也就是说无论有多少个并行处理节点，加速比都为 1，即和单节点的执行性能一致。相反，如果代码全部为并行代码，则此时 $a=1$，加速比会随并行处理节点数的增加而增加。但是当有无穷个并行处理节点（$n\to\infty$）时，极限加速比为 $S=1/(1-a)$，也就是说无论增加多少个并行处理节点，都不会超过这个上限。

7.2 并行度调优

根据阿姆达尔定律可知，在集群资源（包括并行处理节点数）固定的情况下，提升代码的并行度可以提升加速比，从而有效地提升执行效率。

7.2.1 什么是并行度

Spark SQL 应用程序运行时会形成有向无环图，并在提交任务时，将其拆分为多个 Stage，每个 Stage 包含一或多个 RDD。每个 RDD 有多个分区（Partition）。一个分区可以理解为 RDD 的一个切片，包含了 RDD 的部分数据。

Spark SQL 应用程序中的每一个分区都会形成一个任务（Task）去执行，由于每个分区分散在集群的各个节点上，因此相对应的任务也会随之分发到各个节点去执行，从而实现并行计算。因此 Spark SQL 应用程序的并行度可以理解为能够并行执行的任务数。

7.2.2 为什么需要对并行度进行调优

首先读者需要明白，如果不设置或不合理设置并行度，则有可能造成计算效率低下的情况。

举个例子，假设开发人员给 Spark SQL 应用程序分配了足够多的计算资源，如 Executor（任务执行器）的个数为 50 个，每个 Executor 有 4 核 CPU 和 4GB 的内存。此时基本将集群所有的资源分配给了应用程序，也就是说集群能够承载最多 200 个任务并行运行。如果任务并行度没有设置或者设置得很小，假设为 100，此时分散到集群中，每个 Executor 只有 2 个任务并行执行。也就是说，只有 100 个任务在同时运行，那么集群剩下的 100 个 CPU 分配给了这个应用程序但是它并没有使用，从而造成了资源浪费，计算效率也没有达到最佳。

所以如果合理地设置并行度，如设置为 200，那么就可能充分地利用集群资源，从而提升执行效率。如果要计算的数据为 1GB，100 个任务并行执行，每个任务需计算 0.1GB 的数据；而 200 个任务并行执行，相应的每个任务只需要计算 0.05GB 的数据，从而能够更快地计算出结果。

7.2.3 如何合理设置并行度

使用以下几种方式合理设置 Spark SQL 应用程序的并行度能够有效地提升执行效率。

1. 调整 spark.default.parallelism 参数

该参数用于设置每个 Stage 的默认任务数量。这个参数极为重要，如果不设置可能会直接影响 Spark SQL 应用程序的性能。

Spark 官网的建议是设置该参数为 Executor 的总 CPU 核数（Executor 个数×每个 Executor 的核数）的 2～3 倍较为合适。例如，Executor 的总 CPU 核数为 100 个，那么设置该参数为 300 是可以的，此时可以充分地利用 Spark 集群的资源。

2. 调整 spark.sql.shuffle.partitions 参数

该参数用于设置 Spark SQL 应用程序执行期间 Shuffle 过程的分区数。由于一个分区对应一个任务，因此该参数可理解为设置 Shuffle 读数据时任务的并行度。

该参数的值默认为 200，针对不同的应用场景，应该合理地设置该值，而不是使用其默认值。

增加 Shuffle 读数据时任务的并行度，可以让原本分配给一个任务的多个 Key 分配给多个任务，从而让每个任务处理比原来更少的数据。但是往往有些时候开发人员用 Spark SQL 处理的数据比较少，且计算资源也比较少，这时如果使用默认值 200 就太大了，所以应该适当调小该值来提升性能。

3. 当数据输入源为 HDFS 文件时，可以调整 HDFS 文件块的大小

如果读取的数据在 HDFS 上，那么可以考虑减小文件块的大小，此时 HDFS 的文件块将会增多。默认情况下，HDFS 上的分片数等于文件块数，而 HDFS 上的分片数又与 Spark SQL 中的分区数一致，所以增加 HDFS 文件的分片数或块数可以增加 Spark SQL 中的分区数，从而增加并行任务数。

4. 使用 repartition 方法重分区

可以利用 Spark SQL 中 DataFrame 或 DataSet 的 repartition 方法对数据集进行重分区。该方法可以显示指定重分区后数据集的分区数，适当增加数据集的分区数也可达到增加并行任务数的目的。

 使用该方法对数据集重分区会让数据重新分布，使得数据在集群中迁移，所以使用该方法会多花一定的时间，开发人员需慎用。

7.3 内存调优

Spark SQL 的主要特性为分布式内存计算，因此合理地利用内存可以提升 Spark SQL 的性能。

7.3.1 为什么需要对内存进行调优

Spark SQL 有时为了达到更高的性能,通常将数据放入内存中而不是磁盘上进行计算。因此,当计算的数据量较大时,合理地使用内存可以有效地减少 I/O,从而提升计算效率。在内存资源固定的情况下,存放的数据量越多,越有利于效率的提升。

7.3.2 如何充分使用内存

使用以下几种方式调整 Spark SQL 应用程序的内存能够有效地提升执行效率。

1. 在独立运行(Standalone)模式下运行参数调整

在独立运行模式下,可以配置 SPARK_WORKER_MEMORY(每个 Worker 允许使用的内存总量)和 SPARK_WORKER_INSTANCES(每台计算机上运行的 Worker 数量)来充分利用节点的内存资源。需要注意的是,SPARK_WORKER_MEMORY×SPARK_WORKER_INSTANCES 的值不能超过节点本身的内存容量。

其次,在 spark-shell 或 spark-submit 提交 Spark 应用程序时,指定 executor-memory 参数申请使用的内存数量不能超过节点的 SPARK_WORKER_MEMORY。

2. 调整 spark.storage.memoryFraction 参数

该参数用于设置应用程序运行时所申请的内存资源中可用于 Cache(缓存)的比例。该值设置为多少取决于应用程序中缓存的数据量。如果设置得过大,可能会导致其他地方使用的内存不足。

3. 调整 spark.shuffle.memoryFraction 参数

该参数用于设置应用程序运行时所申请的内存资源中可用于 Shuffle 的比例。该值设置为多少取决于应用程序在 Shuffle 过程中的数据量。如果设置得过大,可能会导致其他地方使用的内存不足。

4. 调整 spark.sql.inMemoryColumnStorage.compressed 参数

该参数的作用是决定是否自动对内存中的列式存储进行压缩,默认为 false。压缩的好处在于可以节约内存,但是压缩会消耗部分 CPU,所以需要根据实际情况调整。

5. 调整 spark.sql.inMemoryColumnStorage.batchSize 参数

这个参数代表的是列式缓存时的每个批处理的大小。如果将这个值调大,可能会出现内存不够的异常,所以在设置这个参数的时候需要注意内存大小。

6. 调整 spark.sql.parquet.compressed.codec 参数

这个参数代表使用哪种压缩编码器,默认值为 snappy。可选的选项包括 uncompressed、snappy、gzip、lzo。uncompressed 表示不压缩,压缩格式对比参照表如表 7-1 所示。

表 7-1　　　　　　　　　　　　　　压缩格式对比

格式	平均压缩速度	文本文件压缩效率
snappy	非常快	低
gzip	快	高
lzo	非常快	中等

7. 合适的数据类型

对于开发人员尤其是 Java 开发人员，他们经常习惯性地将数字类型定义为 int 类型（整型）。对常规应用程序来说，数据量不大的情况下这是没有太大问题的。但是在 Spark SQL 应用程序中，往往需要计算大量的数据，如果不能定义合适的数据类型，则会浪费大量的内存。

举个例子，在 Spark SQL 应用程序中，某个数字字段的大小不会超过 short 类型的范围。如果开发人员定义为 int 类型，那么将占用 4 个字节，而定义为 short 类型只占用 2 个字节。表面上看，只多了 2 个字节，对内存的影响不大。但是仔细思考一下，如果计算时有 1 亿条数据，那么 int 类型将比 short 类型多占用 2 亿个字节（约 190MB）。

可想而知，计算的数据量越大，浪费的内存空间也越多。所以，定义合适的数据类型可以有效地节省内存空间，使得固定内存大小时可以装载更多的数据，从而提升应用的计算性能。

8. 其他建议

① 无须缓存所有表，只需要将频繁使用的表缓存即可。
② 在 Spark SQL 中，如果涉及多表关联，则优先考虑缓存小表。
③ 多观察 Spark SQL 应用程序的执行过程信息，考虑是否需要调整 spark.storage.memoryFraction 和 spark.shuffle.memoryFraction 参数。

7.4 磁盘 I/O 调优

开发人员应该知道，无论是将数据写入磁盘还是从磁盘读取数据都会占用磁盘 I/O。通常使用每秒的输入输出量（Input/Output Per Second，IOPS）和数据吞吐量来衡量一个磁盘的性能优劣。

IOPS 是指单位时间内系统能处理的 I/O 请求数量，一般以每秒处理的 I/O 请求数量为单位，I/O 请求通常为读或写数据操作请求。随机读写频繁的应用程序，如大量小文件存储(图片)等，关注随机读写性能，IOPS 是关键衡量指标。按顺序读写频繁的应用程序，传输大量连续的数据，如视频点播等，关注连续读写性能，数据吞吐量是关键衡量指标。

在磁盘硬件固定的情况下，开发人员需要思考如何充分地利用其磁盘 I/O，从而加快整个应用程序的运行。

7.4.1 为什么需要对磁盘 I/O 进行调优

虽然 Spark SQL 应用程序是基于内存的计算，但依然避免不了使用磁盘 I/O。例如，开发人员通过 Spark SQL 从磁盘加载数据进行计算或者将计算后的数据写入磁盘都避免不了占用磁盘 I/O。如果能够充分的利用磁盘 I/O 资源，可以显著地提升 Spark SQL 应用程序的整体性能。

7.4.2　如何充分使用磁盘 I/O

通常会使用以下几种方式来使 Spark SQL 应用程序充分使用磁盘 I/O。

1．高效的数据格式

数据格式是指数据以什么样的规则保存文件，可以是字符串形式的文本文件，也可以是二进制数据形式的压缩文件，人们熟知的.txt、.jpg 等都是不同数据格式的文件。高效的数据格式不仅可以加快数据的读写速度，还能够减少内存的消耗。

观察 Spark SQL 应用程序每个 Stage 的执行情况可以发现，数据读写占据很大的比重。因此，选择高效的数据格式能够大幅度地提升其性能。

目前，Spark SQL 支持多种数据格式，如 TXT（文本格式）、Sequence（Hadoop API 提供的二进制格式）、Parquet（列式存储格式）、JSON（轻量级的数据交换格式）、Avro（Hadoop API 提供的一种二进制格式）等数据格式。开发人员可以根据实际情况选择合适的文件格式进行读写。

2．数据尽可能本地化计算

数据本地化计算是指需要计算的数据与计算程序在同一个进程或节点上。在此之前的传统应用程序中，开发人员通常将数据取回来再进行计算。可以想象，这种方式不但消耗了磁盘 I/O，也消耗了网络 I/O，并且多个地方的数据汇聚到一个计算节点上执行无法有效提升整个应用程序的计算性能。

分布式计算的核心思想是移动程序而非移动数据进行计算。应用程序只需要将计算程序分发到各个数据所在位置进行本地化计算，且只需将很小的结果返回即可。这样不仅能够减少网络 I/O，还能够进行并行计算，从而提升应用程序的性能。

但在实际分布式计算过程中，除非集群的每个节点都保留有数据的副本，否则依然避免不了数据移动的情况。如果能够尽可能做到每个任务都是本地化计算，那么就可以有效减少数据的移动，从而提升应用程序的整体性能。

（1）本地化计算划分级别。

Spark SQL 对数据本地化计算划分了以下几种级别。

- PROCESS_LOCAL：进程本地化，即计算的数据和任务在同一个 Executor 中。
- NODE_LOCAL：节点本地化，速度比 PROCESS_LOCAL 稍慢，因为数据需要在不同进程之间传递或从文件中读取。
- NO_PREF：无最佳位置，数据从哪访问都一样。
- RACK_LOCAL：机架本地化，数据在同一机架的不同节点上；需要通过网络传输数据及文件 I/O，速度比 NODE_LOCAL 慢。
- ANY：数据和任务可能在集群中的任何地方，而且不在一个机架中，性能最差。

（2）本地化计算优化。

如果希望每个任务都能够在最优的本地化级别下执行，可以考虑以下两点。
- 合理设置数据的副本数。

可以将数据缓存，缓存时可以指定数据的副本数。
- 合理设置任务等待，本地化计算时间加长。

分发任务时，会根据数据所在的节点进行分发，这时数据本地化的级别是最高的。如果这个任务在 Executor 中等待一定时间后，重试几次还是无法执行，那么就会认为这个 Executor 的计算资源满了，会降低一级数据本地化的级别，并重新分发任务到其他的 Executor 中执行。如果还是无法执行，那么继续降低数据本地化的级别。因此，为了能够让任务以最优的本地化级别执行，可以考虑适当增大 spark.locality.wait 参数值，加长本地化计算等待时间，使其具有更高的本地化级别。但是需要注意的是，读者不能一味地加长时间，这样会导致整个应用程序的效率降低，所以该值需要不断地调试，以找到一个最优值。

3．合适的数据列

在 Spark SQL 应用程序中，开发人员通过 SQL 语句查询或处理数据时，应尽可能地列出要操作的列名，如 select column1、column2 from table，而不是使用 select * from table。这样不但可以减少磁盘 I/O，而且可以减少缓存时消耗的内存。

4．合理的 I/O 缓冲大小

Spark SQL 应用程序运行过程中难以避免会输出数据到磁盘上。

Shuffle 输出数据时，在将数据写到磁盘文件中之前，通常会先写入 buffer 缓冲中。待缓冲写满之后，才会溢写到磁盘上。这里可以考虑调整 spark.shuffle.file.buffer 参数，该参数用于设置 Shuffle 写任务的 BufferedOutputStream 的 buffer 缓冲的大小。如果 Spark SQL 应用程序可用的内存资源较为充足，则可以适当增大这个参数值（如 64KB），从而减少 Shuffle 写过程中溢写磁盘文件的次数，也就可以减少磁盘 I/O 次数，进而提升性能。

7.5 网络 I/O 调优

网络 I/O 的本质是 Socket 的读取，Socket 在 Linux 操作系统中被抽象为流，I/O 可以理解为对流的操作。在 Spark SQL 应用程序中有时需要将数据转成数据流（序列化数据）进行传输。

7.5.1 为什么需要对网络 I/O 进行调优

Spark SQL 应用程序 Shuffle 过程中，本地化计算级别不高时，会涉及数据的移动，此时需要将数据从某个节点上传输到另外一个节点上。如果不能充分利用网络 I/O，则会加长传输的时间，并降低应用程序的执行效率。

7.5.2 如何充分使用网络 I/O

为了能够充分利用集群的网络 I/O，通常有以下几点可以进行优化。

1．选择高效的序列化器

在 Spark 2.x 中都是默认采用 Kryo 对数据进行序列化。在之前版本中，Spark SQL 内部对输入输出流使用 Java 的序列化机制进行序列化。使用 Java 序列化数据的好处在于方便，无须额外操作；但是缺点也很明显，它的序列化机制的效率不高，序列化的速度比较慢，序列化后的数据占用的空间也比较大。

Spark 使用 Kryo 序列化机制，序列后的数据更小，大概是 Java 序列化机制的 1/10。因此，使用 Kryo 序列化机制可以让网络传输的数据变少，从而提升网络 I/O 的性能。

目前供开发人员选择的序列化器有许多，找到一种高效的序列化器可以显著提升执行效率。

2．减少网络传输次数

调整 spark.reducer.maxSizeInFlight 参数可以设置 Shuffle 读 buffer 缓冲的大小。这个 buffer 缓冲决定了每次能够拉取多少数据。如果 Spark SQL 应用程序可用的内存资源较为充足，则可以适当增大这个参数值（如 96MB），从而减少拉取数据的次数，也就可以减少网络传输的次数，进而提升性能。

3．压缩数据

Spark SQL 应用程序内部会自动广播数据，广播时会把这部分数据传输到各个节点上，设置参数 spark.broadcast.compress 的值为 true 可以在广播数据时压缩数据，从而减少数据的传输量。

其次，在 Spark SQL 应用程序运行过程中，可以使用参数 spark.io.compression.codec 指定压缩格式。需要注意的是，如果压缩格式不合理，不一定会带来应用程序整体性能的提升。

小　结

在有限资源下，为了能够让 Spark SQL 以更高性能运行，需要对其参数进行调优。本章从各个角度为读者讲解了如何调优及相关参数应该如何设置。

调优过程中，读者需要根据实际环境来决定 Spark SQL 的部署结构及相关参数值。这是一个反复的过程，直到达到一个最佳性能。

习　题

（1）请简述调优的必要性。
（2）请简述木桶原理和阿姆达尔定律。
（3）什么是并行度？如何对并行度调优？
（4）为什么要对内存进行调优？
（5）如何才能充分使用磁盘 I/O？
（6）如何优化网络 I/O？

第 8 章 Spark SQL 编程实践

➢ 学习目标

掌握 Spark SQL 实践编程技巧。

8.1 Spark SQL 实践一——学生考试信息分析

本实例主要为分析学生考试信息，样本数据源自某学校学生的期末考试成绩，包含各个年级和班级的所有学生信息，学生信息格式如下。

```
{"name": "test", "age": 15,
"sex": "male", "id": "510122205005021215", "grade": "1", "class": "1"}
```

每条数据包含学生的姓名、年龄、性别、身份证号、年级和班级信息。

现在有两个需求，需要统计出每个年级年龄大于 15 岁的人数，以及 1 年级 1 班男女同学的人数。要实现这两个需求可以采取如下思路。

（1）分析文件格式，决定采用什么方式加载数据。
（2）创建 DataFrame 并注册成表。
（3）考虑实现这两个需求的 SQL 语句。
（4）使用 sql 方法执行对应的 SQL 语句来实现这两个需求。

有了思路后，按照该思路一步一步来实现需求。首先，文件格式为 JSON 格式，因此考虑使用 SparkSession 的 read.json 方法来创建 DataFrame。然后将 DataFrame 注册成表，再分析要实现这两个需求的 SQL 语句应该如何编写，使用 SparkSession 的 sql 方法分别执行对应需求的两个 SQL 语句。最后考虑性能，由于这两个需求会触发两个 JOB，且数据是相同的，因此考虑使用 Cache 将 DataFrame 缓存，以避免重复加载数据。按照此思路，代码实现如下。

```
val ssc = newSparkSession("SparkSQL_From_JSON")
val dataPath = this.getClass
.getClassLoader
.getResource("student.json").getPath()
val df = ssc.read.json(dataPath)
df.cache()
df.createOrReplaceTempView("student")
val sqldf = ssc.sql(" select grade, count(1) as
```

```
amount from student where age > 15 group by grade")
val sqldf1 = ssc.sql(" select sex, count(1) as amount
from student where grade = '1' andclass = '1' group by sex")
sqldf.foreach(println(_))
sqldf1.foreach(println(_))
```

上面的实例中，得到 student.json 文件的路径并通过 read.json 方法得到 DataFrame 后将其 Cache，以避免重复加载数据。将 DataFrame 注册成 student 表，然后分别通过两个 SQL 语句得到希望的结果并输出每条数据。

8.2 Spark SQL 实践二——生鲜电商交易数据分析

本实例分析生鲜电商交易数据，样本数据源自某生鲜 B2B 交易平台，该平台面向全国，由入驻的供应商（生鲜食材配送商）向其客户（食材采购方）提供在线下单的服务。客户通过平台在线下单购买所需食材，供应商通过平台接收订单并进行备货、送货、完成订单交易流程。本实例选取了该平台近 3 年的部分交易订单数据，数据主要包含订单编号、采购方区域、商品品类名称、商品名称、下单时间、下单量、单价、金额等。数据内容如图 8-1 所示。

```
{
"orderCode":"19062700000018",
"areaId":"110101",
"buyerAreaName":"北京市东城区",
"orderTime":"2019\/6\/27 01:04:54",
"typeCode":"04001003",
"typeName":"豆制品",
"pdtCode":"3150011100000100495",
"pdtName":"豆皮（件）",
"orderWeight":1.00000000,
"orderPrice":115.00000000,
"orderAmount":115.00000000,
"unit":"件"
}
```

图 8-1 分析数据样例

其中每个 JSON 对象为一条商品交易数据，各个数据项说明如表 8-1 所示。

表 8-1　　　　　　　　　　　　　　数据项说明

数据项	说明
orderCode	订单编号
areaId	客户所在区域编码（县级编码）。例如，成都市锦江区为 510104
buyerAreaName	客户所在区域名称，如成都市锦江区
orderTime	下单时间格式为 yyyy/mm/dd hh:mm:ss，其中的 "\" 为转义符
typeCode	商品品类编码（每个品类的唯一编码）
typeName	商品品类名称
pdtCode	商品编码（商品的唯一编码）
pdtName	商品名称

数据项	说明
orderWeight	下单量（下单的数量）
orderPrice	单价（商品的销售单价）
orderAmount	金额（金额=下单量×单价）
unit	商品计量单位，如斤、件、包、箱等

该实例的业务需求说明如下所示。

1. 2019 年商品交易量 TOP5

按商品分类，分析 2019 年成都市所有交易数据中，计量单位为斤的商品交易量从大到小的前 5 位商品品类以及交易量。

2. 2019 年商品交易量 TOP5 中每个品类交易量最大的区域

基于第一个需求的计算结果的 TOP5 品类，分析出每个品类在 2019 年成都市订单中交易量最大的区域以及交易量（计量单位为斤）。代码如下所示。

首先需要初始化 SparkSession。

```
private def initSpark(defaultFs: String): SparkSession = {
  val ss = newSparkSession("TianFuBigData")
  //指定使用 HDFS
  ss.sparkContext.hadoopConfiguration.set("fs.defaultFS", defaultFs)
  ss.sparkContext.hadoopConfiguration.set("fs.hdfs.impl",
"org.apache.hadoop.hdfs.DistributedFileSystem")
  ss
}
```

接着执行计算。

```
private def compute(ss: SparkSession, dataFile: String):
                (Array[Row], Array[Row]) = {
  //读取数据文件（JSON 格式）
  val df = ss.read.json(dataFile)
  //df.cache()
  //注册临时表
  df.createOrReplaceTempView("order")
  //计算分析目标一
  val sqldf1 = ss.sql("select typeName,sum(orderWeight) as volume,unit " +
                    " from order " +
                    " where substring_index(orderTime, '/', 1) = '2019' " +
                    " and substr(areaId, 1, 4) = '5101' " +
                    " and unit = '斤' " +
                    " group by typeName, unit" +
                    " order by volume desc limit 5")
  sqldf1.createOrReplaceTempView("top5_volume_type")
    //计算分析目标二
    val sqldf2_temp =
      ss.sql(" select od.buyerAreaName,od.typeName,sum(od.orderWeight)
      as weight "+
```

```
            " from order od "+
            " where substring_index(od.orderTime, '/', 1) = '2019' "+
            " and substr(od.areaId, 1, 4) = '5101' "+
            " and od.unit='斤' "+
            " and od.typeName in (select typeNamefrom top5_volume_type) "+
            " group by od.buyerAreaName,od.typeName"+
            " order by sum(od.orderWeight) desc");
    sqldf2_temp.coalesce(1).createOrReplaceTempView("temp_result");
        val sqldf2 = ss.sql(" select r.typeName,first(r.buyerAreaName)"
            as buyerAreaName,max(r.weight) as weight " +
            " from temp_result r "+
            " group by r.typeName");
        val result1 = sqldf1.collect()
        val result2 = sqldf2.collect()
        (result1, result2)
    }
```

8.3 Spark SQL 实践三——四川省新生婴儿信息分析

本实例将通过 Spark SQL 应用程序分析四川省新生婴儿信息，下面为源自互联网的四川省新生儿数据。

```
{"areaId":"510104","dateofbirth":"20200217",
"sex":"1","bloodType":"A","weight":5.0,"height":46.0}
{"areaId":"510104","dateofbirth":"20200203",
"sex":"0","bloodType":"AB","weight":5.0,"height":40.0}
{"areaId":"510104","dateofbirth":"20200330",
"sex":"1","bloodType":"B","weight":2.0,"height":59.0}
{"areaId":"510104","dateofbirth":"20200214",
"sex":"0","bloodType":"A","weight":6.0,"height":44.0}
{"areaId":"510104","dateofbirth":"20200229",
"sex":"1","bloodType":"AB","weight":5.0,"height":58.0}
{"areaId":"510104","dateofbirth":"20200119",
"sex":"1","bloodType":"O","weight":6.0,"height":52.0}
{"areaId":"510104","dateofbirth":"20200219",
"sex":"0","bloodType":"A","weight":4.0,"height":41.0}
{"areaId":"510104","dateofbirth":"20200222",
"sex":"0","bloodType":"B","weight":5.0,"height":43.0}
{"areaId":"510104","dateofbirth":"20200227",
"sex":"1","bloodType":"O","weight":5.0,"height":43.0}
{"areaId":"510104","dateofbirth":"20200205",
"sex":"0","bloodType":"RH","weight":5.0,"height":49.0}
{"areaId":"510104","dateofbirth":"20200302",
"sex":"0","bloodType":"O","weight":6.0,"height":41.0}
{"areaId":"510104","dateofbirth":"20200304",
"sex":"1","bloodType":"A","weight":9.0,"height":48.0}
{"areaId":"510104","dateofbirth":"20200214",
"sex":"0","bloodType":"RH","weight":3.0,"height":42.0}
{"areaId":"510104","dateofbirth":"20200131",
"sex":"0","bloodType":"RH","weight":2.0,"height":42.0}
{"areaId":"510104","dateofbirth":"20200215",
"sex":"0","bloodType":"O","weight":6.0,"height":49.0}
```

```
{"areaId":"510104","dateofbirth":"20200227",
"sex":"1","bloodType":"B","weight":7.0,"height":40.0}
{"areaId":"510104","dateofbirth":"20200212",
"sex":"0","bloodType":"B","weight":6.0,"height":42.0}
{"areaId":"510104","dateofbirth":"20200220",
"sex":"1","bloodType":"O","weight":11.0,"height":44.0}
{"areaId":"510104","dateofbirth":"20200228",
"sex":"1","bloodType":"B","weight":7.0,"height":59.0}
{"areaId":"510104","dateofbirth":"20200215",
"sex":"0","bloodType":"AB","weight":5.0,"height":42.0}
```

样本数据被本书以 JSON 格式进行了处理，一条 JSON 数据为一个新生婴儿的信息。目前本书收集整理了近 9 万条四川省新生儿数据，上面列举了部分（20 条）四川省新生婴儿信息。下面对新生婴儿数据的各个字段进行说明。

（1）areaId：新生婴儿出生的区域。
（2）dateofbirth：新生婴儿出生的日期。
（3）sex：新生婴儿的性别，男为 0，女为 1。
（4）bloodType：新生婴儿的血型。
（5）weight：新生婴儿的重量。
（6）height：新生婴儿的身高。

上述字段中，areaId 字段值为四川省各个区域的行政编码。为了了解更详细的新生婴儿的出生区域，本书同时整理了一份四川省的行政区域数据，如下所示。

```
{"areaId":"510000","parentId":"0","areaName":"四川省"}
{"areaId":"510100","parentId":"510000","areaName":"成都市"}
{"areaId":"510104","parentId":"510100","areaName":"锦江区"}
{"areaId":"510105","parentId":"510100","areaName":"青羊区"}
{"areaId":"510106","parentId":"510100","areaName":"金牛区"}
{"areaId":"510107","parentId":"510100","areaName":"武侯区"}
{"areaId":"510108","parentId":"510100","areaName":"成华区"}
{"areaId":"510109","parentId":"510100","areaName":"高新区"}
{"areaId":"510112","parentId":"510100","areaName":"龙泉驿区"}
{"areaId":"510113","parentId":"510100","areaName":"青白江区"}
{"areaId":"510114","parentId":"510100","areaName":"新都区"}
{"areaId":"510115","parentId":"510100","areaName":"温江区"}
{"areaId":"510121","parentId":"510100","areaName":"金堂县"}
{"areaId":"510122","parentId":"510100","areaName":"双流区"}
{"areaId":"510124","parentId":"510100","areaName":"郫都区"}
{"areaId":"510129","parentId":"510100","areaName":"大邑县"}
{"areaId":"510131","parentId":"510100","areaName":"蒲江县"}
{"areaId":"510132","parentId":"510100","areaName":"新津区"}
{"areaId":"510181","parentId":"510100","areaName":"都江堰市"}
{"areaId":"510182","parentId":"510100","areaName":"彭州市"}
```

本书列举了部分（20 条）行政区域信息，并以 JSON 格式进行了处理，一条 JSON 数据表示一个行政区域。

对于这两部分数据，本书将它们放到了 HDFS 的 /newborn 目录下，并希望通过 Spark SQL 应用程序对新生婴儿数据进行分析，具体分析需求如下。

（1）查询所有的新生婴儿信息（包含区域名称）并将结果输出到 MongoDB 数据库中。

（2）统计每个月份中不同性别各个血型的新生婴儿数并将结果输出到 MongoDB 数据库中。

（3）统计每个区域（包含区域名称）不同性别的新生婴儿的体重最小值、体重最大值、平均体重、身高最小值、身高最大值及平均身高信息并将结果输出到 MongoDB 数据库中。

和实例一类似，要实现以上需求，读者需要思考实现思路。本实例思路如下。

（1）分析文件格式，决定采用什么方式加载数据。

（2）创建 DataFrame 并注册成表。

（3）考虑实现这 3 个需求的 SQL 语句。

（4）使用 sql 方法执行对应的 SQL 语句来实现这 3 个需求。

（5）将结果数据输出到 MongoDB 数据库中。

首先，文件格式为 JSON 格式，因此考虑使用 SparkSession 的 read.json 方法来创建 DataFrame。由于数据在 HDFS 上，因此需要传入 HDFS 的路径。然后将 DataFrame 注册成表，再分析要实现这 3 个需求的 SQL 语句应该如何编写，通过 SparkSession 的 sql 方法分别执行对应需求的 3 个 SQL 语句。最后，可以考虑使用 mongo-spark-connector 工具包来实现将结果数据输出到 MongoDB 数据库中，具体实现步骤如下所示。

为了使用 Spark SQL 分析数据，必须要创建其入口类 SparkSession，代码如下。

```
package com.spark.sql.core
import org.apache.log4j.{Level, Logger}
import org.apache.spark.sql.SparkSession
class SparkSQLBase {
  def newSparkSession = {
  offLog
    val ss = SparkSession
      .builder()
      .master("local[2]")
      .appName("SparkSQLPeoject")
      .getOrCreate()
    ss
  }
  def offLog = {
    Logger.getLogger("org.apache.hadoop").setLevel(Level.OFF)
    Logger.getLogger("org.apache.spark").setLevel(Level.OFF)
    Logger.getLogger("org.eclipse.jetty.server").setLevel(Level.OFF)
    Logger.getLogger("org.spark_project").setLevel(Level.OFF)
  }
}
```

本书定义了一个名为 SparkSQLBase 的类，该类包含了创建 SparkSession 的方法。由于相关数据在 HDFS 上，并且结果数据要输出到 MongoDB 数据库中，因此有部分 HDFS 和 MongoDB 的连接参数需要设置。本书将这些参数放到常量类（根据实际生产环境可以考虑放到配置文件中）中，具体代码如下。

```
package com.spark.sql.constants
import com.spark.sql.SparkSQLEntrance
trait Constants {
```

```
    val AREA_JSON_FILE_NAME = "area.json"
    val AREA_JSON_FILE_PATH = HDFS_PATH + AREA_JSON_FILE_NAME
    val NEWBORN_JSON_FILE_NAME = "newborn.json"
    val NEWBORN_JSON_FILE_PATH = HDFS_PATH + NEWBORN_JSON_FILE_NAME
    val HDFS_HOST = "master.dellserver"
    val HDFS_PORT = "8020"
    val HDFS_PATH = "hdfs://"+HDFS_HOST+":"+HDFS_PORT+"/newborn/"
    val MONGODB_HOST = "develop.dellserver"
    val MONGODB_PORT = "27017"
    val MONGODB_USER_NAME = "jiamigu"
    val MONGODB_PASSWORD = "123456"
    val MONGODB_DATABASE_NAME = "dtinone"
    val MONGODB_TABLE_NAME1 = "dataframetable1"
val MONGODB_TABLE_NAME2 = "dataframetable2"
val MONGODB_TABLE_NAME3 = "dataframetable3"
    val MONGODB_SAVEMODE = "append"
    val MONGODB_OPTIONS = "spark.mongodb.output.uri"
    val MONGODB_FORMAT = "com.mongodb.spark.sql"
    val MONGODB_URL1 = "mongodb://"+MONGODB_USER_NAME+":"+MONGODB_PASSWORD+
                      "@"+MONGODB_HOST+":"+MONGODB_PORT+"/"+
                      MONGODB_DATABASE_NAME+"."+MONGODB_TABLE_NAME1
    val MONGODB_URL2 = "mongodb://"+MONGODB_USER_NAME+":"+MONGODB_PASSWORD+
                      "@"+MONGODB_HOST+":"+MONGODB_PORT+"/"+
                      MONGODB_DATABASE_NAME+"."+MONGODB_TABLE_NAME2
    val MONGODB_URL3 = "mongodb://"+MONGODB_USER_NAME+":"+MONGODB_PASSWORD+
                      "@"+MONGODB_HOST+":"+MONGODB_PORT+"/"+
                      MONGODB_DATABASE_NAME+"."+MONGODB_TABLE_NAME3
}
```

上面的常量定义说明如表 8-2 所示。

表 8-2　　　　　　　　　　　　　　　常量定义说明

常量名称	描述
AREA_JSON_FILE_NAME	表示区域数据文件的名称
AREA_JSON_FILE_PATH	表示区域数据文件的 HDFS 存放路径
NEWBORN_JSON_FILE_NAME	表示新生婴儿数据文件的名称
NEWBORN_JSON_FILE_PATH	表示新生婴儿数据文件的 HDFS 路径
HDFS_HOST	表示 HDFS 的访问主机名
HDFS_PORT	表示 HDFS 的访问端口
HDFS_PATH	表示区域数据文件和新生婴儿数据文件的路径
MONGODB_HOST	表示 MongoDB 数据库的访问主机
MONGODB_PORT	表示 MongoDB 数据库的访问端口
MONGODB_USER_NAME	表示 MongoDB 数据库的访问用户名
MONGODB_PASSWORD	表示 MongoDB 数据库的访问密码
MONGODB_DATABASE_NAME	表示结果数据存放的 MongoDB 数据库的名称
MONGODB_TABLE_NAME1	表示第一个需求的计算结果存放的表名

续表

常量名称	描述
MONGODB_TABLE_NAME2	表示第二个需求的计算结果存放的表名
MONGODB_TABLE_NAME3	表示第三个需求的计算结果存放的表名
MONGODB_SAVEMODE	表示结果数据以追加方式存放到表中
MONGODB_OPTIONS	表示指定 MongoDB 属性的名称
MONGODB_FORMAT	表示结果数据输出格式为 MongoDB
MONGODB_URL1	表示 MongoDB 数据库需求一的链接地址
MONGODB_URL2	表示 MongoDB 数据库需求二的链接地址
MONGODB_URL3	表示 MongoDB 数据库需求三的链接地址

有了常量类后，本书将基于读取 HDFS 和写入 MongoDB 分别建立 DataReader 和 DataWriter 类，这两个类都集成常量类 Constants。

其中 DataReader 类的代码如下。

```
package com.spark.sql.reader
import com.spark.sql.constants.Constants
import org.apache.spark.sql.{DataFrame, SparkSession}
object DataReader extends Constants {
  /**
   * 加载四川区域基础数据
   * @param ss SparkSession
   * @return 全国区域基础数据的 DataFrame 格式
   */
  def loadArea(ss: SparkSession): DataFrame = {
    ss.read.json(AREA_JSON_FILE_PATH)
  }
  /**
   * 加载新生婴儿数据
   * @param ss SparkSession
   * @return 新生婴儿数据
   */
  def loadNewborn(ss: SparkSession): DataFrame = {
    ss.read.json(NEWBORN_JSON_FILE_PATH)
  }
}
```

该类定义了两个方法，分别使用 SparkSession 的 read.json 方法加载 HDFS 中的四川区域基础数据和新生婴儿数据形成 DataFrame。

DataWriter 类的代码如下。

```
package com.spark.sql.writer
import com.spark.sql.constants.Constants
import org.apache.spark.sql.DataFrame
/**
 * 数据持久化管理类
 */
object DataWriter extends Constants {
  /**
```

```
     * 将数据持久化至 MongoDB
     * @param df    DataFrame
     */
    def saveToMongodb1(df: DataFrame) = {
      df.write
.options(Map(MONGODB_OPTIONS->MONGODB_URL1))
.mode(MONGODB_SAVEMODE)
.format(MONGODB_FORMAT).save()
    }
    /**
     * 将数据持久化至 MongoDB
     * @param df    DataFrame
     */
    def saveToMongodb2(df: DataFrame) = {
      df.write
.options(Map(MONGODB_OPTIONS->MONGODB_URL2))
.mode(MONGODB_SAVEMODE)
.format(MONGODB_FORMAT).save()
    }
    /**
     * 将数据持久化至 MongoDB
     * @param df    DataFrame
     */
    def saveToMongodb3(df: DataFrame) = {
      df.write
.options(Map(MONGODB_OPTIONS->MONGODB_URL3))
.mode(MONGODB_SAVEMODE)
.format(MONGODB_FORMAT).save()
    }
}
```

该类定义了 3 个方法，这 3 个方法的逻辑一样，只是输出到 MongoDB 数据库的链接地址不同，分别对应 3 个需求，使用这些方法可以将计算的结果保存到 MongoDB 数据库中。

本书实现了读取 HDFS 数据和输出结果数据到 MongoDB 数据库的功能后，现在需要考虑这 3 个需求对应 SQL 语句的实现。以下为本书实现这 3 个需求的 SQL 语句（本书假设区域数据表名为 areaView，新生婴儿数据表名为 newbornView）。

1. 实现需求一的 SQL 语句

```
select av.areaId, av.parentId, av.areaName,
nv.dateofbirth, nv.sex, nv.bloodType,
nv.weight, nv.height
from areaView as av, newbornView as nv
where av.areaId = nv.areaId
```

2. 实现需求二的 SQL 语句

```
select substring(nv.dateofbirth, 5, 2) as month,
nv.sex, nv.bloodType, count(*) as amount
from newbornView as nv
group by month, nv.sex, nv.bloodType
order by amount desc
```

3. 实现需求三的 SQL 语句

```sql
select areaName, nv.sex, min(nv.weight) as minweight,
cast(avg(nv.weight) as decimal(15,2)) as avgweight,
max(nv.weight) as maxweight, min(nv.height) as minheight,
cast(avg(nv.height) as decimal(15,2)) as avgheight,
max(nv.height) as maxheight
from areaView as av, newbornView as nv
where av.areaId = nv.areaId
group by areaName, nv.sex
order by areaName, avgweightdesc
```

现在有了具体需求的业务处理 SQL 语句，那么结合之前的 DataReader 和 DataWriter 类，就可以实现从 HDFS 中读取数据形成 DataFrame，并通过 SQL 语句将处理后的结果数据保存到 MongoDB 数据库中，实现代码如下。

```scala
package com.spark.sql
import com.spark.sql.constants.Constants
import com.spark.sql.core.SparkSQLBase
import com.spark.sql.reader.DataReader
import com.spark.sql.writer.DataWriter
/**
 * Spark SQL 程序 Driver
 */
object Spark SQLEntrance extends SparkSQLBase with Constants {
  def main(args: Array[String]): Unit = {
    val ss = newSparkSession
    val area = DataReader.loadArea(ss)
    val newborn = DataReader.loadNewborn(ss)
    area.createOrReplaceTempView("areaView")
    newborn.createOrReplaceTempView("newbornView")
    val sql1 = " select av.areaId, av.parentId, av.areaName, " +
               " nv.dateofbirth, nv.sex, nv.bloodType, nv.weight, nv.height " +
               " from areaView as av, newbornView as nv" +
               " where av.areaId = nv.areaId"
    val sql2 = " select substring(nv.dateofbirth, 5, 2) " +
               " as month, nv.sex, nv.bloodType, count(*) as amount " +
               " from newbornView as nv" +
               " group by month, nv.sex, nv.bloodType" +
               " order by amount desc"
    val sql3 = " select areaName, nv.sex, " +
               " min(nv.weight) as minweight, " +
               " cast(avg(nv.weight) as decimal(15,2)) as avgweight, " +
               " max(nv.weight) as maxweight, " +
               " min(nv.height) as minheight, " +
               " cast(avg(nv.height) as decimal(15,2)) as avgheight, " +
               " max(nv.height) as maxheight" +
               " from areaView as av, newbornView as nv" +
               " where av.areaId = nv.areaId" +
               " group by areaName, nv.sex " +
               " order by areaName, avgweight desc"
    val df1 = ss.sql(sql1)
DataWriter.saveToMongodb1(df1)
```

```
        val df2 = ss.sql(sql2)
DataWriter.saveToMongodb2(df2)
        val df3 = ss.sql(sql2)
DataWriter.saveToMongodb3(df3)
    }
}
```

上述代码通过创建的 SparkSession 和基于 DataReader 类，分别从 HDFS 上加载区域数据和新生婴儿的数据形成名为 area 和 newborn 的 DataFrame。使用 DataFrame 的 createOrReplaceTempView 方法分别将这两个 DataFrame 注册为表 areaView 和 newbornView。有了表后，就可以使用 SparkSession 的 sql 方法通过相应的 SQL 语句对数据进行处理，最后将最终的计算结果通过 DataWriter 类的对应 3 个方法保存到 MongoDB 数据库中。

至此，本书通过 Spark SQL 实现了新生婴儿数据的 3 个需求。以下为 3 个需求的部分（20条）输出结果（本书以表格的形式展示）。

1. 需求一结果

areaId	parentId	areaName	dateofbirth	sex	bloodType	weight	height
510104	510100	锦江区	20200217	1	A	5.0	46.0
510104	510100	锦江区	20200203	0	AB	5.0	40.0
510104	510100	锦江区	20200330	1	B	2.0	59.0
510104	510100	锦江区	20200214	0	A	6.0	44.0
510104	510100	锦江区	20200229	1	AB	5.0	58.0
510104	510100	锦江区	20200119	1	O	6.0	52.0
510104	510100	锦江区	20200219	0	A	4.0	41.0
510104	510100	锦江区	20200222	0	B	5.0	43.0
510104	510100	锦江区	20200227	1	O	5.0	43.0
510104	510100	锦江区	20200205	0	RH	5.0	49.0
510104	510100	锦江区	20200302	0	O	6.0	41.0
510104	510100	锦江区	20200304	1	A	9.0	48.0
510104	510100	锦江区	20200214	0	RH	3.0	42.0
510104	510100	锦江区	20200131	0	RH	2.0	42.0
510104	510100	锦江区	20200215	0	O	6.0	49.0
510104	510100	锦江区	20200227	1	B	7.0	40.0
510104	510100	锦江区	20200212	0	B	6.0	42.0
510104	510100	锦江区	20200220	1	O	11.0	44.0
510104	510100	锦江区	20200228	1	B	7.0	59.0
510104	510100	锦江区	20200215	0	AB	5.0	42.0

2. 需求二结果

month	sex	bloodType	amount
01	1	O	3097
03	0	O	3086
03	0	AB	3074
03	1	B	3063

```
|  03|  1|        RH|  3039|
|  01|  0|         A|  3038|
|  01|  0|         B|  3028|
|  01|  0|        RH|  3005|
|  01|  0|        AB|  3005|
|  03|  0|         A|  2994|
|  01|  1|        AB|  2992|
|  01|  1|        RH|  2985|
|  03|  0|        RH|  2973|
|  03|  1|        AB|  2962|
|  03|  1|         A|  2958|
|  01|  1|         B|  2943|
|  03|  1|         O|  2921|
|  01|  0|         O|  2918|
|  01|  1|         A|  2899|
|  03|  0|         B|  2895|
+-----+---+---------+------+
```

3. 需求三结果

```
+-----+---+---------+------+
|month|sex|bloodType|amount|
+-----+---+---------+------+
|  01|  1|         O|  3097|
|  03|  0|         O|  3086|
|  03|  0|        AB|  3074|
|  03|  1|         B|  3063|
|  03|  1|        RH|  3039|
|  01|  0|         A|  3038|
|  01|  0|         B|  3028|
|  01|  0|        AB|  3005|
|  01|  0|        RH|  3005|
|  03|  0|         A|  2994|
|  01|  1|        AB|  2992|
|  01|  1|        RH|  2985|
|  03|  0|        RH|  2973|
|  03|  1|        AB|  2962|
|  03|  1|         A|  2958|
|  01|  1|         B|  2943|
|  03|  1|         O|  2921|
|  01|  0|         O|  2918|
|  01|  1|         A|  2899|
|  03|  0|         B|  2895|
+-----+---+---------+------+
```

小　　结

通过本章的学习，读者应该对 Spark SQL 在实际场景中的应用有了更充分的认识。读者通过这几个完整的实例，不仅可以了解到如何通过 Spark SQL 解决实际场景中的问题，还能够提升 Spark SQL 的编程技巧。

附录

本部分为附录,主要目的是扩充 Spark SQL 的知识点,包括常用内置函数、常用高阶函数及专业术语介绍。

附录 1 常用内置函数

通常开发人员使用关系型数据库时,编写其 SQL 语句经常会用到关系型数据库提供的一些内置类型函数,如求绝对值、平方根的函数等,当然还有一些其他的字符函数、日期函数、聚合函数等。

为了提高开发人员的开发效率,Spark SQL 同样提供了丰富多样的内置函数。熟悉常用的内置函数有利于帮助读者快速实现相关功能,而不是每个函数都需要自己去实现。因此,本书罗列了 Spark SQL 各类常用内置函数,供读者参考。

附录 1.1 常用聚合函数

1. count:计数函数

名称	说明
函数名称	count
函数含义	统计(返回)数据集的元素个数
函数参数说明	count(column_name) 返回指定列 column_name 的值的数目(null 不计入) count(*) 返回数据集中的记录数
示例	1. select count(age) from people; 返回表 people 中字段 age 值不为空的数据条数。 2. select count(*) from people; 返回表 people 的数据条数。 3. select sex,count(*) from people group by sex; 返回不同性别的人数

2. max：最大值函数

名称	说明
函数名称	max
函数含义	统计（返回）数据集中指定列的最大值（null 不计入）
函数参数说明	max(column_name) 返回数据集中指定列 column_name 的最大值（null 不计入）
示例	1．select max(age) from people; 返回表 people 中年龄最大的值。 2．select sex,max(age) from people group by sex; 返回不同性别的最大年龄值

3. min：最小值函数

名称	说明
函数名称	min
函数含义	统计（返回）数据集中指定列的最小值（null 不计入）
函数参数说明	min(column_name) 返回数据集中指定列 column_name 的最小值（null 不计入）
示例	1．select min(age) from people; 返回表 people 中年龄最小的值。 2．select sex,min(age) from people group by sex; 返回不同性别的最小年龄值

4. sum：求和函数

名称	说明
函数名称	sum
函数含义	统计（返回）数据集中数值列的总和（null 不计入）
函数参数说明	sum(column_name) 返回数据集中指定数值列 column_name 的总和（null 不计入）
示例	1．select sum(salary) from people; 返回工资总额。 2．select sex,sum(salary) from people group by sex; 返回不同性别的工资总额

5. avg：平均值函数

名称	说明
函数名称	avg
函数含义	统计（返回）数据集中数值列的平均值（null 不计入）
函数参数说明	avg(column_name) 返回数据集中指定数值列 column_name 的平均值（null 不计入）

名称	说明
示例	1. select avg(salary) from people; 返回平均工资。 2. select sex,avg(salary) from people group by sex; 返回不同性别的平均工资

6. first：第一个记录值函数

名称	说明
函数名称	first
函数含义	统计（返回）数据集中第一个记录的值
函数参数说明	first(column_name) 返回指定列 column_name 的第一个记录值
示例	1. select first(name) from people; 返回表 people 中第一个记录的 name 值。 2. select sex,first(name) from people group by sex; 返回表 people 中不同性别的第一个记录的 name 值

7. last：最后一个记录值函数

名称	说明
函数名称	last
函数含义	统计（返回）数据集中最后一个记录的值
函数参数说明	last(column_name) 返回指定列 column_name 的最后一个记录值
示例	1. select last(name) from people; 返回表 people 中最后一个记录的 name 值。 2. select sex,last(name) from people group by sex; 返回表 people 中不同性别的最后一个记录的 name 值

8. collect_list：在分组中聚合指定字段的值到 list 函数

名称	说明
函数名称	collect_list
函数含义	分组聚合指定列的值到数组中
函数参数说明	collect_list(column_name) 在分组中将指定列 column_name 的值放入数组
示例	select sex,collect_list(name) from people group by sex 返回按性别分组的所有姓名

9. collect_set：聚合指定字段的值到 set 函数

名称	说明
函数名称	collect_set
函数含义	分组聚合指定列的值到集合中，集合中的值不重复
函数参数说明	collect_set(column_name) 将指定列 column_name 的值放入集合
示例	select sex,collect_set (name) from people group by sex 返回按性别分组的所有不重复姓名

附录 1.2　常用排序函数

1. asc：正序函数

名称	说明
函数名称	asc
函数含义	根据指定列的值按正序（升序）排列数据，需与 order by 关键字配合使用
函数参数说明	无参数
示例	select name from people order by age asc 按年龄从小到大升序返回所有人的姓名

2. asc nulls first：正序 null 排最前函数

名称	说明
函数名称	asc nulls first
函数含义	根据指定列的值按正序（升序）排列数据，且值为 null 的数据排在最前面
函数参数说明	无参数
示例	select name from people order by age asc nulls first 按年龄从小到大升序返回所有人的姓名，年龄为空的放最前面

3. asc nulls last：正序 null 排最后函数

名称	说明
函数名称	asc nulls last
函数含义	根据指定列的值按正序（升序）排列数据，且值为 null 的数据排在最后面
函数参数说明	无参数
示例	select name from people order by age asc nulls last 按年龄从小到大升序返回所有人的姓名，年龄为空的放最后面

4. desc：倒序函数

名称	说明
函数名称	desc
函数含义	根据指定列的值按倒序（降序）排列数据，需与 order by 关键字配合使用
函数参数说明	无参数
示例	select name from people order by age desc 按年龄从大到小降序返回所有人的姓名

5. desc nulls first：倒序 null 排最前函数

名称	说明
函数名称	desc nulls first
函数含义	根据指定列的值按倒序（降序）排列数据，且值为 null 的数据排在最前面
函数参数说明	无参数
示例	select name from people order by age desc nulls first 按年龄从大到小降序返回所有人的姓名，年龄为空的放最前面

6. desc nulls last：倒序 null 排最后函数

名称	说明
函数名称	desc nulls last
函数含义	根据指定列的值按倒序（降序）排列数据，且值为 null 的数据排在最后面
函数参数说明	无参数
示例	select name from people order by age desc nulls last 按年龄从大到小降序返回所有人的姓名，年龄为空的放最后面

附录 1.3　常用字符串函数

1. concat：连接多列字符串函数

名称	说明
函数名称	concat
函数含义	连接（拼接）多列字符串并返回。 注：也可以连接常量字符串
函数参数说明	concat(string[,string1…]) 拼接多个字符串 concat(column_name[,column_name1…]) 拼接多列字段字符串值
示例	1. select concat('AA', 'BB', 'CC'); 将 AA、BB、CC 3 个字符串拼接为 AABBCC。 2. select concat('DT',name) from people; 将表 people 中的每个人的姓名前拼接字符串 DT。 3. select concat(name, age) from people; 将表 people 中每个人的姓名和年龄拼接

2．initcap：单词首字母大写函数

名称	说明
函数名称	initcap
函数含义	将单词首字母大写。 注：如果字符串中有多个单词，则将每个单词的首字母大写
函数参数说明	initcap(column_name) 将指定列 column_name 的值（或常量字符串）的单词首字母大写
示例	select initcap(name) from people; 将表 people 中所有人的姓名中的每个单词的首字母大写

3．lower：转小写函数

名称	说明
函数名称	lower
函数含义	将字符串的所有字母转成小写字母
函数参数说明	lower(column_name) 将指定列 column_name 的值（或常量字符串）的所有字母转成小写字母
示例	select lower(name) from people; 将表 people 中所有人的姓名中的所有字母转成小写

4．upper：转大写函数

名称	说明
函数名称	upper
函数含义	将字符串的所有字母转成大写字母
函数参数说明	upper(column_name) 将指定列 column_name 的值（或常量字符串）的所有字母转成大写字母
示例	select upper(name) from people; 将表 people 中所有人的姓名中的所有字母转成大写

5．instr：子字符串第一次出现的位置函数

名称	说明
函数名称	instr
函数含义	获取子字符串第一次出现的位置
函数参数说明	instr (column_name,substr) 子字符串 substr 在指定列 column_name 的值（或常量字符串）中第一次出现的位置。 注：位置编号从 1 开始，如果子字符串在指定列中不存在则为 0
示例	select instr(name,'in') from people; 获取表 people 中所有人的姓名里字符串 in 的起始位置

6. locate：子字符串第一次出现的位置函数

名称	说明
函数名称	locate
函数含义	获取子字符串第一次出现的位置
函数参数说明	locate(substr,column_name) 子字符串 substr 在指定列 column_name 的值（或常量字符串）中第一次出现的位置。 注：位置编号从 1 开始，如果子字符串在指定列中不存在则为 0 locate(substr,column_name,pos) 同上，不过是从指定位置 pos 开始查找。 注：位置编号从 1 开始，从指定列的 pos 位置开始查找子字符串，如果不存在则为 0；位置编号与 pos 无关，都是从指定列值的第一个字符开始编号
示例	select locate('in', name, 6) from people; 获取表 people 中所有人的姓名里从第 6 个字符开始查找 in 的起始位置

7. length：字符串长度函数

名称	说明
函数名称	length
函数含义	获取字符串长度（字符个数）
函数参数说明	length(column_name) 获取指定列 column_name 的字符串值（或常量字符串）的长度
示例	select length(name) from people; 获取表 people 中所有人的姓名的长度

8. lpad：字符串左填充函数

名称	说明
函数名称	lpad
函数含义	字符串左填充，用指定字符填充字符串至指定长度
函数参数说明	lpad(column_name,len,pad) 如果指定列 column_name 的值（或常量字符串）不足 len 长度，则用 pad 字符串在其左边（前面）填充至 len 长度
示例	select lpad(name,10,'A') from people; 将表 people 中所有人的姓名的前面用 A 填充至 10 的长度

9. rpad：字符串右填充函数

名称	说明
函数名称	rpad
函数含义	字符串右填充，用指定字符填充字符串至指定长度
函数参数说明	rpad(column_name,len,pad) 如果指定列 column_name 的值（或常量字符串）不足 len 长度，则用 pad 字符串在其右边（后面）填充至 len 长度
示例	select rpad(name,10,'A') from people; 将表 people 中所有人的姓名的后面用 A 填充至 10 的长度

10. trim:去除左右两边的指定字符函数

名称	说明
函数名称	trim
函数含义	去除(剪掉)字符串左右两边的空格、空白字符
函数参数说明	trim(column_name) 将指定列 column_name 的值(或常量字符串)左右两边的空格、空白字符去除
示例	select trim(name) from people; 将表 people 中所有人的姓名左右两边的空格、空白字符去除

11. ltrim:去除左边指定字符函数

名称	说明
函数名称	ltrim
函数含义	去除(剪掉)字符串左边的空格、空白字符
函数参数说明	ltrim(column_name) 将指定列 column_name 的值(或常量字符串)左边的空格、空白字符去除
示例	select ltrim(name) from people 将表 people 中所有人的姓名左边的空格、空白字符去除

12. rtrim:去除右边指定字符函数

名称	说明
函数名称	rtrim
函数含义	去除(剪掉)字符串右边的空格、空白字符
函数参数说明	ltrim(column_name) 将指定列 column_name 的值(或常量字符串)右边的空格、空白字符去除
示例	select ltrim(name) from people 将表 people 中所有人的姓名右边的空格、空白字符去除

13. regexp_extract:正则提取匹配的组函数

名称	说明
函数名称	regexp_extract
函数含义	获取匹配正则表达式的字符串
函数参数说明	regexp_extract(column_name,reg,group_index) 将指定列 column_name 的值(或常量字符串)按正则表达式 reg 进行匹配,匹配的结果有 0 或多组,用 group_index 获取指定下标的组。 注:group_index 下标编号从 0 开始
示例	select regexp_extract(name,'s.*n', 0) from people; 将表 people 中所有人的姓名中第一组匹配 s.*正则的字符串提取出来

14. regexp_replace：正则替换函数

名称	说明
函数名称	regexp_replace
函数含义	正则替换匹配的部分并返回
函数参数说明	regexp_replace(column_name,reg,replacement) 将指定列 column_name 的值（或常量字符串）按正则表达式 reg 进行匹配，再将匹配的字符替换为指定的 replacement 字符
示例	select regexp_replace(name,'s.*n', 'abc') from people; 将表 people 中所有人的姓名中匹配 s.*正则的子字符串替换为 abc

15. repeat：将字符串重复 n 次后返回函数

名称	说明
函数名称	repeat
函数含义	重复字符串多次
函数参数说明	repeat(column_name,n) 将指定列 column_name 的值（或常量字符串）重复 n 次
示例	select repeat(name,2) from people; 将表 people 中所有人的姓名重复两次

16. reverse：反转函数

名称	说明
函数名称	reverse
函数含义	反转字符串
函数参数说明	reverse(column_name) 将指定列 column_name 的值（或常量字符串）反转
示例	select reverse(name) from people; 将表 people 中所有人的姓名反转

17. split：表达式分隔函数

名称	说明
函数名称	split
函数含义	按表达式分隔字符串
函数参数说明	split(column_name,pattern) 将指定列 column_name 的值（或常量字符串）按表达式 pattern 分隔
示例	select split(name,' ') from people; 将表 people 中所有人的姓名按空格分隔

18．substring：截取字符串函数

名称	说明
函数名称	substring
函数含义	截取字符串
函数参数说明	substring(column_name,pos,len) 将指定列 column_name 的值（或常量字符串）从 pos 位置开始截取长度为 len 的子字符串
示例	select substring(name,3,2) from people; 将表 people 中所有人的姓名从第 3 个字符位置开始截取长度为 2 的子字符串返回

附录 1.4　常用时间函数

1．current_date：当前日期函数

名称	说明
函数名称	current_date
函数含义	获取系统当前日期
函数参数说明	无参数
示例	select current_date(); 获取系统当前日期。 注：包含年、月、日

2．current_timestamp：当前时间戳函数

名称	说明
函数名称	current_timestamp
函数含义	获取系统当前日期的时间戳，类型为 TimestampType
函数参数说明	无参数
示例	select current_timestamp(); 获取系统当前时间戳。 注：包含年、月、日、时、分、秒及毫秒

3．date_format：日期格式化函数

名称	说明
函数名称	date_format
函数含义	对日期进行格式化
函数参数说明	date_format(column_name, format) 对指定列 column_name 的字符串日期（或常量字符串日期值）按 format 格式进行格式化。 format 格式如下（以 2020 年举例）。 1．yyyy 代表年（不区分大小写）

名称	说明
函数参数说明	"y""yyy""yyyy"匹配的都是4位数完整的年份，如2020。 "yy"匹配的是年份的后两位，如20。 超过4位，会在年份前面加"0"补位，如"YYYYY"对应"02020"。 2．MM代表月（只能使用大写），假设月份为9 "M"对应"9"。 "MM"对应"09"。 "MMM"对应"September"。 "MMMM"对应"September"。 超出3位,仍然对应"September"。 3．dd代表日（只能使用小写），假设为13号 "d""dd"都对应"13"。 超出2位，会在数字前面加"0"补位，如"dddd"对应"0013"。 4．hh代表时（大写为24进制计时，小写为12进制计时），假设为15时 "H""HH"都对应"15"。超出2位，会在数字前面加"0"补位，如"HHHH"对应"0015"。 "h"对应"3"。 "hh"对应"03"。超出2位，会在数字前面加"0"补位，如"hhhh"对应"0003"。 5．mm代表分（只能使用小写），假设为32分 "m""mm"都对应"32"。超出2位，会在数字前面加"0"补位，如"mmmm"对应"0032"。 6．ss代表秒（只能使用小写），假设为15秒 "s""ss"都对应"15"。超出2位，会在数字前面加"0"补位，如"ssss"对应"0015"。 7．E代表星期（只能使用大写），假设为Sunday "E""EE""EEE"都对应"Sun"。 "EEEE"对应"Sunday"。超出4位，仍然对应"Sunday"。 8．a代表是上午还是下午 如果为上午就对应"AM"，下午就对应"PM"
示例	select date_format(birthday,'yyyy-MM-dd') from people; 将表people中所有人的出生日期格式化为yyyy-MM-dd格式

4．to_date：字段类型转为日期类型函数

名称	说明
函数名称	to_date
函数含义	转为日期（Date）类型
函数参数说明	to_date(column_name) 将指定列column_name的值（或常量字符串日期值）转为日期类型
示例	select to_date(birthday) from people; 将表people中所有人的出生日期转为日期类型

5. date_add：日期增加天数函数

名称	说明
函数名称	date_add
函数含义	日期增加指定天数得到新的日期
函数参数说明	date_add(column_name, days) 将指定列 column_name 的值（或常量字符串日期值）增加 days 天。 注：days 为正数表示增加天数，为负数表示减少天数
示例	select date_add(birthday,3) from people; 将表 people 中所有人的出生日期增加 3 天

6. date_sub：日期减少天数函数

名称	说明
函数名称	date_sub
函数含义	日期减少指定天数得到新的日期
函数参数说明	date_sub(column_name, days) 将指定列 column_name 的值（或常量字符串日期值）减少 days 天。 注：days 为正数表示减少天数，为负数表示增加天数
示例	select date_sub(birthday,3) from people; 将表 people 中所有人的出生日期减少 3 天

7. add_months：日期增加月函数

名称	说明
函数名称	add_months
函数含义	日期增加指定月数得到新的日期
函数参数说明	add_months(column_name, months) 将指定列 column_name 的值（或常量字符串日期值）增加 months 月。 注：months 为正数表示增加月，为负数表示减少月
示例	select add_months(birthday,1) from people; 将表 people 中所有人的出生日期增加 1 个月

8. datediff：两日期间隔天数函数

名称	说明
函数名称	datediff
函数含义	获取两个日期间隔天数
函数参数说明	datediff(column_name, column_name1) 计算指定列 column_name 的字符串日期值（或常量字符串日期值）与列 column_name1 的字符串日期值（或常量字符串日期值）的间隔天数。 注：是后面日期 column_name1 减去前面日期 column_name
示例	select datediff(birthday,'2020-01-01') from people; 计算表 people 中所有人的出生日期与 2020-01-01 间隔的天数

9. months_between：两日期间隔月数函数

名称	说明
函数名称	months_between
函数含义	获取两个日期间隔月数
函数参数说明	months_between(column_name, column_name1) 计算指定列 column_name 的字符串日期值（或常量字符串日期值）与列 column_name1 的字符串日期值（或常量字符串日期值）的间隔月数。 注：是前面日期 column_name 减去后面日期 column_name1；不足一月按比例计算返回小数
示例	select months_between(birthday, '2020-01-01') from people; 计算表 people 中所有人的出生日期与 2020-01-01 间隔的月数

10. dayofmonth：日期在一月中的天数函数

名称	说明
函数名称	dayofmonth
函数含义	获取日期当月的天数
函数参数说明	dayofmonth (column_name) 获取指定列 column_name 的日期值（或常量字符串日期值）当月的天数 以 2020-01-20 为例，函数返回的值为 20
示例	select dayofmonth(birthday) from people; 获取表 people 中所有人的出生日期的天数

11. weekofyear：日期在一年中的周数函数

名称	说明
函数名称	weekofyear
函数含义	获取日期在当年属于第几周
函数参数说明	weekofyear(column_name) 获取指定列 column_name 的日期值（或常量字符串日期值）为当年第几周
示例	select weekofyear(birthday) from people; 获取表 people 中所有人的出生日期在当年的周数

12. dayofyear：日期在一年中的天数函数

名称	说明
函数名称	dayofyear
函数含义	获取日期在当年属于第几天
函数参数说明	dayofyear (column_name) 获取指定列 column_name 的日期值（或常量字符串日期值）为当年第几天
示例	select dayofyear(birthday) from people; 获取表 people 中所有人的出生日期在当年的天数

13. second：获取秒数函数

名称	说明
函数名称	second
函数含义	获取日期中的秒数
函数参数说明	second(column_name) 获取指定列 column_name 的日期值（或常量字符串日期值）的秒数
示例	select second(birthday) from people; 获取表 people 中所有人的出生日期的秒数

14. minute：获取分钟数函数

名称	说明
函数名称	minute
函数含义	获取日期中的分钟数
函数参数说明	minute(column_name) 获取指定列 column_name 的日期值（或常量字符串日期值）的分钟数
示例	select minute(birthday) from people; 获取表 people 中所有人的出生日期的分钟数

15. hour：获取小时数函数

名称	说明
函数名称	hour
函数含义	获取日期中的小时数
函数参数说明	hour(column_name) 获取指定列 column_name 的日期值（或常量字符串日期值）的小时数
示例	select hour(birthday) from people; 获取表 people 中所有人的出生日期的小时数返回

16. month：获取月份数函数

名称	说明
函数名称	month
函数含义	获取日期中的月份数
函数参数说明	month(column_name) 获取指定列 column_name 的日期值（或常量字符串日期值）的月份数
示例	select month(birthday) from people; 获取表 people 中所有人的出生日期的月份数

17. quarter：获取季度函数

名称	说明
函数名称	quarter
函数含义	获取日期的季度
函数参数说明	quarter(column_name) 获取指定列 column_name 的日期值（或常量字符串日期值）的季度
示例	select quarter(birthday) from people; 获取表 people 中所有人的出生日期的季度

18. year：获取年份函数

名称	说明
函数名称	year
函数含义	获取日期的年份
函数参数说明	year(column_name) 获取指定列 column_name 的日期值（或常量字符串日期值）的年份
示例	select year(birthday) from people; 获取表 people 中所有人的出生日期的年份

附录 1.5 常用数学函数

1. bround：舍入函数

名称	说明
函数名称	bround
函数含义	获取舍入的值
函数参数说明	bround(column_name, scale) 获取指定列 column_name（或常量数值）保留 scale 位小数舍入的值。 注：保留小数位数的后一位小数数值大于 5 时向上舍入，如 0.56 保留 1 位小数舍入为 0.6；保留小数位数的后一位小数数值小于 5 时向下舍入，如 0.54 保留 1 位小数舍入为 0.5；如果保留小数位数的后一位小数数值等于 5 时，则向最近的偶数舍入，如 0.55 保留 1 位小数舍入为 0.6，0.65 保留 1 位小数舍入为 0.6
示例	select bround(weight,1) from people; 获取表 people 中所有人保留 1 位小数舍入的体重值

2. round：四舍五入函数

名称	说明
函数名称	round
函数含义	获取四舍五入的值

续表

名称	说明
函数参数说明	round(column_name, scale) 获取指定列 column_name（或常量数值）保留 scale 位小数四舍五入的值。 注：保留小数位数的后一位小数数值大于等于 5 时向上舍入，如 0.55 或 0.56 保留 1 位小数四舍五入为 0.6；保留小数位数的后一位小数数值小于 5 时向下舍入，如 0.54 保留 1 位小数四舍五入为 0.5
示例	select round(weight,1) from people; 获取表 people 中所有人保留 1 位小数四舍五入的体重值

3. ceil：向上舍入函数

名称	说明
函数名称	ceil
函数含义	获取向上舍入的值
函数参数说明	ceil(column_name) 将指定列 column_name（或常量数值）向上舍入为整数。 注：只要小数位大于 0 则向上舍入为整数，如 10.01 向上舍入为 11
示例	select ceil(weight) from people; 获取表 people 中所有人向上取整的体重值

4. floor：向下舍入函数

名称	说明
函数名称	floor
函数含义	获取向下舍入的值
函数参数说明	floor(column_name) 将指定列 column_name（或常量数值）向下舍入为整数。 注：不论是否有小数位都只取整数，如 10.55 向下舍入为 10
示例	select floor(weight) from people; 获取表 people 中所有人向下取整的体重值

5. cos：余弦函数

名称	说明
函数名称	cos
函数含义	获取余弦值
函数参数说明	cos(column_name) 获取指定列 column_name 的值（或者常量数值）的余弦值
示例	select cos(0); 获取 0 的余弦值，返回 1.0

6. sin：正弦函数

名称	说明
函数名称	sin
函数含义	获取正弦值
函数参数说明	cos(column_name) 获取指定列 column_name 的值（或者常量数值）的正弦值
示例	select sin(0); 获取 0 的正弦值，返回 0.0

7. tan：正切函数

名称	说明
函数名称	tan
函数含义	获取正切值
函数参数说明	tan(column_name) 获取指定列 column_name 的值（或者常量数值）的正切值
示例	select tan(0); 获取 0 的正切值，返回 0.0

8. pow：幂函数

名称	说明
函数名称	pow
函数含义	获取指数值
函数参数说明	pow(r,n) r 的值为底数，n 为指数。 注：r 和 n 可以指定列
示例	select pow(2,3); 获取底数为 2，指数为 3 的值，返回 8.0

9. log：对数函数

名称	说明
函数名称	log
函数含义	获取对数值
函数参数说明	log(r,n) r 的值为底数，n 为真数。 注：r 和 n 可以指定列
示例	select log(2,8); 获取底数为 2，真数为 8 的对数值，返回 3.0

附录1.6 常用集合函数

1. size：长度函数

名称	说明
函数名称	size
函数含义	获取 array 或 map 类型数据的长度（元素个数）
函数参数说明	size(column_name) 获取指定列 column_name（array 或 map 类型）数据的长度。 注：如果字段不存在或值为 null，则返回-1
示例	select size(cards) from people; 获取表 people 中所有人有多少张卡

2. sort_array：排序函数

名称	说明
函数名称	sort_array
函数含义	排序数组中的元素
函数参数说明	sort_array(column_name, asc) 对指定列 column_name（array 类型）的元素进行自然排序，asc 为布尔类型，默认值为 true（升序）
示例	1. select sort_array(cards) from people; 对表 people 中所有人有的每张卡号进行自然升序排序 2. select sort_array(cards,false) from people; 对表 people 中所有人有的每张卡号进行自然降序排序

3. array_contains：检查 array 类型字段中是否包含指定元素函数

名称	说明
函数名称	array_contains
函数含义	检查数组中是否包含指定元素
函数参数说明	array_contains(column_name,elem) 检查指定列 column_name（array 类型）中是否包含 elem 元素。 注：字段不存在时返回 null
示例	select array_contains(cards,'12345') from people; 检查表 people 中每个人是否有 12345 的卡

4. map_keys：返回 map 的键组成的 array 函数

名称	说明
函数名称	map_keys
函数含义	返回 map 类型数据的所有 Key（键）组成的数组

名称	说明
函数参数说明	map_keys(column_name) 获取指定列 column_name（map 类型）中所有 Key（键）组成的数组。 注：字段不存在时返回 null
示例	select map_keys(work) from people; 获取表 people 中每个人的工作字段（map 类型）的所有 Key（键）

5. map_values：返回 map 的值组成的 array 函数

名称	说明
函数名称	map_values
函数含义	返回 map 类型数据的所有 Value（值）组成的数组
函数参数说明	map_values(column_name) 获取指定列 column_name（map 类型）中所有 Value（值）组成的数组。 注：字段不存在时返回 null
示例	select map_keys(work) from people; 获取表 people 中每个人的工作字段（map 类型）的所有 Value（值）

6. explode：展开 array 或 map 为多行函数

名称	说明
函数名称	explode
函数含义	将指定 array 或 map 类型字段值转为多行数据
函数参数说明	explode(column_name) 将指定列 column_name（array 或 map 类型）中的所有元素拆分为多行数据
示例	select explode(cards) from people; 将表 people 中每个人的卡号以多行数据形式返回

7. explode_outer：展开 array 或 map 为带 null 的多行函数

名称	说明
函数名称	explode_outer
函数含义	和 explode 函数类似，将指定 array 或 map 类型字段值转为多行数据。如果字段值为空，则展开为 null
函数参数说明	explode_outer(column_name) 将指定列 column_name（array 或 map 类型）中的所有元素拆分为多行数据，如果字段不存在或为空则返回 null
示例	select explode_outer(cards) from people; 将表 people 中每个人的卡号以多行数据形式返回，没有卡的人则返回 null

附录 1.7　其他常用函数

1. abs：绝对值函数

名称	说明
函数名称	abs
函数含义	获取绝对值
函数参数说明	abs(column_name) 求指定列 column_name 的值（或常量数值）的绝对值
示例	select abs(−1); 获取−1 的绝对值，返回 1

2. rand：随机数函数

名称	说明
函数名称	rand
函数含义	在区间[0.0, 1.0]中取随机数
函数参数说明	无参数
示例	select rand(); 获取随机数

3. array：多列合并为 Array 函数

名称	说明
函数名称	array
函数含义	将多列数据合并为数组，每列数据类型需相同
函数参数说明	array(column_name[, column_name1...]) 指定一或多列字段（或同类型常量数据），将它们的值合并为数组
示例	select array(name,address) from people; 将表 people 中所有人的姓名和住址合并为数组字段

4. map：将多列数据合并为 Map 函数

名称	说明
函数名称	map
函数含义	将多列数据合并为 map 集合（键值对形式），Key/Value 分别为同一类型
函数参数说明	array(column_name[, column_name1...]) 指定双数列字段，奇数列为 Key（或常量数据），偶数列为 Value（或常量数据），将它们的值合并为键值对的 map 集合。 注：奇数列的数据类型需相同，偶数列的数据类型需相同
示例	select map(name,address) from people; 将表 people 中所有人的姓名和住址合并为键值对集合，其中 name 为键，address 为值

5. md5：计算 MD5 摘要函数

名称	说明
函数名称	md5
函数含义	进行 md5 摘要算法加密，返回 32 位十六进制字符串
函数参数说明	md5(column_name) 对指定列 column_name（或常量数据）的值进行 md5 摘要算法加密
示例	select md5(password) from people 对表 people 中所有人的密码进行 md5 摘要算法加密

6. hash：计算 hash code 函数

名称	说明
函数名称	hash
函数含义	计算 hash code
函数参数说明	hash(column_name) 对指定列 column_name（或常量数据）的值计算 hash code
示例	select hash(name) from people 对表 people 中所有人的姓名计算 hash code

7. isnull：检查是否为 null 函数

名称	说明
函数名称	isnull
函数含义	检查是否为 null（空）
函数参数说明	isnull(column_name) 对指定列 column_name（或常量数据）的值进行 null 检查。 注：字段不存在也会被认为是 null 值
示例	select isnull(weight) from people; 检查表 people 中所有人的体重值是否为 null

附录 2　常用高阶函数

附录 2.1　transform 函数

名称	说明
函数名称	transform
函数含义	对数组进行转换操作
函数参数说明	transform(array,convert_func) 对数组 array 进行迭代，每个元素将作为转换函数 convert_func 的入参进行转换，转换函数 convert_func 的返回值将作为转换后的元素放入数组。 注：如果转换函数 convert_func 有两个参数，则第一个参数为每个元素，第二个参数为当前元素在数组中的索引号

名称	说明
示例	1. select transform(cards,x -> x + 1) from people; 将表 people 中所有人的每张卡的卡号加 1 并返回转换后的数组 2. select transform(array(1,2,3), x -> x * 2); 对数组中的每个元素乘 2，返回的数组元素为 2、4、6 3. select transform(array(1,2,3), (x,i) -> x * i); 对数组中的每个元素乘以其索引号，返回的数组元素为 0、2、6

附录 2.2 aggregate 函数

名称	说明
函数名称	aggregate
函数含义	对数组进行聚合操作
函数参数说明	aggregate(array,init,agg_func,convert_func) 对数组 array 进行迭代，其中 init 参数值将作为聚合函数 agg_func 第一次迭代的第一个参数（初始值），第二个参数为数组 array 的每轮迭代的元素。 聚合函数 agg_func 的返回值将作为下一轮迭代时聚合函数 agg_func 的第一个参数（第二个参数为本轮迭代的元素），依次迭代后，最终得到一个聚合后的值。 如果没有指定转换函数 convert_func，则该值为该 aggregate 函数的返回值。如果指定了转换函数 convert_func，那么这个值将作为转换函数 convert_func 的入参，转换函数 convert_func 的返回值为最终该 aggregate 函数的返回值
示例	1. select aggregate(array(1,2,3),0,(total,x) -> total + x); 聚合数组，初始值为 0，从 0 开始累加数组中的每个元素，返回 6。 2. select aggregate(array(1,2,3),10,(total,x) -> total + x,x-> x * 100); 聚合数组，初始值为 10，从 10 开始累加数组中的每个元素，最后将累加值乘以 100，返回 1600

附录 2.3 filter 函数

名称	说明
函数名称	filter
函数含义	对数组进行过滤
函数参数说明	filter(array,filter_func) 对数组 array 的每个元素进行迭代，每个元素作为过滤函数 filter_func 的入参。 过滤函数 filter_func 返回 true 则保留该元素，如果返回 false 则该元素被过滤
示例	1. select filter(array(1,2,3,4),x -> x % 2 == 0); 过滤数组，保留偶数元素 2. select filter(cards, x -> x % 2 == 0) from people where name = 'dtinone'; 获取表 people 中姓名为 dtinone 的卡号为偶数的卡号

附录 2.4　exists 函数

名称	说明
函数名称	exists
函数含义	根据指定条件判断数组的元素是否存在
函数参数说明	exists(array,func) 对数组 array 的每个元素进行迭代，每个元素作为判断函数 func 的入参。 只要有一个元素满足函数 func 的逻辑并返回 true，则 exists 函数返回 true，即表示满足条件的元素存在，否则表示不存在
示例	1.　select exists(array(1,2,3,4),x -> x % 2 == 0); 　　判断数组中是否包含偶数的元素。 2.　select exists(cards,x -> x % 2 == 0) from people; 　　判断表 people 中所有人的卡号是否有偶数

附录 2.5　zip_with 函数

名称	说明
函数名称	zip_with
函数含义	将两个指定数组的对应索引的元素合并后返回单个数组。如果某个数组中的元素少，则在数组末尾附加 null
函数参数说明	zip_with(array,array1,func) 将数组 array 和 array1 对应索引的元素作为 func 的入参依次进行迭代。 合并函数 func 的返回值作为合并后的对应索引的元素
示例	select zip_with(array(1,2,3,4),array(5,6,7,8),(a,b) -> a + b); 将指定的两个数组对应索引的数字相加后的值作为返回数组的对应索引的元素

附录 3　术语解释

术语	描述
Spark	它是专为大规模数据处理而设计的快速通用的计算引擎
Spark SQL	它是 Spark 用于处理结构化数据的模块
RDD	RDD（Resilient Distributed Dataset）叫作弹性分布式数据集，是 Spark 中最基本的数据抽象
Application	它指的是用户编写的 Spark 应用程序
Driver	它在本书中代指 Spark SQL 应用程序的驱动程序
Cluster Manager	它是 Spark 或 Spark SQL 应用程序用于与外部资源服务进行通信、从集群上获取资源的组件
Executor	Executor 是 Application 运行在 Worker 节点上的一个进程，该进程负责运行 Task，并且负责将数据存在内存中或者磁盘上
Master	它是指集群中用于协调集群资源的主节点
Worker	它是指集群中任何可以运行 Application 代码的节点
DAG	DAG 的全称为 Directed Acycle Graph（有向无环图），它可以反映 RDD 之间的依赖关系
DAGScheduler	它是用于计算作业和任务的依赖关系的组件，从而制订调度逻辑
TaskScheduler	它是用于对任务集中的一批任务进行调度的组件
JOB	它是由一个或多个调度阶段所组成的一次计算作业

续表

术语	描述
Stage	每个 JOB 会被拆分成很多组 Task，每组 Task 被称为 Stage
TaskSet	它是由一组关联的，但相互之间没有 Shuffle 依赖关系的任务所组成的任务集
Task	它是指被分发到某个 Executor 上的工作任务，是单个分区数据集上的最小处理流程单元
Lineage	代表血统的含义，Spark 通过它来实现分布式运算环境下的数据容错（如节点失效、数据丢失等）
checkpoint	它是指把内存中的变化刷新到持久化存储，以切断依赖链
SparkSession	Spark 使用全新的 SparkSession 接口替代了 Spark 1.6 中的 SQLContext 和 HiveContext 来实现对数据的加载、转换和处理等，它能够实现 SQLContext 和 HiveContext 所有的功能
DataFrame	DataFrame 和传统数据库的表类似，有对应的字段名和类型，是基于 RDD 的分布式数据集
DataSet	DataSet 是 DataFrame API 的一个扩展，是 Spark SQL 新的数据抽象
Schema	它是 DataFrame 数据的结构描述信息
off-heap	off-heap 叫作堆外内存，用于将对象从堆中脱离出来并序列化存储在一大块内存中
Catalyst	它是 Spark SQL 的核心组件(查询优化器)，负责将 SQL 语句转换成物理执行计划，Catalyst 的优劣决定了 SQL 执行的性能
SQLContext	它是 Spark SQL 处理结构化数据的入口，可以通过它创建 DataFrame 及 SQL 查询，它在后续版本中被 SparkSession 替代
HiveContext	它用于集成 Hive 数据，通过它可以使用 Spark SQL 访问 Hive 数据，它在后续版本中被 SparkSession 替代
Hive	Hive 是构建在 Hadoop 之上的数据仓库平台
HiveQL	它是一种基于 Hive 数据库的 SQL 查询语言
Hadoop	它是一个由 Apache 基金会所开发的分布式系统基础架构
MapReduce	它是一种编程模型，用于进行大规模数据集的并行运算
HDFS	它是指被设计成适合运行在通用硬件上的分布式文件系统
Yarn	它是一种新的 Hadoop 资源管理器，是一个通用资源管理系统，可为上层应用程序提供统一的资源管理和调度
CSV	它是一种基于字符分隔的文件格式
Avro	它是 Hadoop 的一个数据序列化系统，用于支持大批量数据交换的应用
Parquet	它是一种能够有效存储嵌套数据的列式存储格式
ORC	它是一种 Hadoop 生态圈中的列式存储格式
JSON	它是一种轻量级的数据交换格式
JDBC	它是 Java 语言中用来规范客户端程序如何访问数据库的应用程序接口，提供了诸如查询和更新数据库中的数据的方法
ODBC	它是指开放数据库连接，是为解决异构数据库间的数据共享而产生的
HBase	它是一个分布式的、面向列的开源数据库
MongoDB	它是一个文档数据库
BSON	它是一种计算机数据交换格式，主要被用作 MongoDB 数据库中的数据存储和网络传输格式
UDF	UDF 是指用户定义函数，是 Spark SQL 的一项功能，用于定义新的基于列的函数
UDAF	UDAF 是指用户定义聚合函数，是 Spark SQL 的一项功能，用于定义新的类似在 group by 之后使用的 sum、avg 等函数